中国 2030 年前碳达峰研究报告

全球能源互联网发展合作组织

中国电力出版社
CHINA ELECTRIC POWER PRESS

前言

2020 年 9 月 22 日，习近平总书记在第 75 届联合国大会上发表重要讲话，提出我国将提高国家自主贡献力度，采取更加有力的政策和措施，二氧化碳排放力争于 2030 年前达到峰值，努力争取 2060 年前实现碳中和。这为我国应对气候变化、推动绿色发展提供了方向指引、擘画了宏伟蓝图，得到国际社会高度赞誉和广泛响应。

迈向全面建设社会主义现代化国家新征程，碳达峰和碳中和目标的提出，是党中央、国务院统筹国际国内两个大局作出的重大战略决策，彰显了我国走绿色低碳发展道路的坚定决心，为世界各国携手应对全球性挑战、共同保护好地球家园贡献了中国智慧和中国方案。全面推动碳达峰和碳中和，将加快我国产业结构、能源结构转型升级，建设现代化经济体系，引领社会主义生态文明建设迈入新时代，为实现中华民族伟大复兴中国梦奠定坚实基础。全面推动碳达峰和碳中和，将在世界范围内树立绿色发展旗帜，为国际社会全面落实《巴黎协定》注入强大动力，体现了我国主动承担应对气候变化国际责任、推动构建人类命运共同体的大国担当。

全球能源互联网发展合作组织认真学习习近平总书记重要讲话精神，深入贯彻落实新发展理念、“四个革命、一个合作”能源安全新战略，从战略全局认识和把握碳达峰、碳中和目标任务，结合自身在全球能源转型、清洁发展、气候环境等领域的研究成果，对我国碳达峰、碳中和的重大意义、形势任务、思路目标、重点举措等进行了深入研究，形成了《中国 2030 年前碳达峰研究报告》。

本报告聚焦 2030 年前碳达峰研究，共分 8 部分。第 1 部分剖析我国碳达峰重大意义与面临的挑战。第 2 部分阐述以建设中国能源互联网为基础平台，实现碳达峰的总体思路、主要目标和重点举措。第 3 部分研究提出以清洁替代加快能源生产减碳的方案。第 4 部分从工业、交通、建筑领域分别研究提出以电能替代、能效提升等加快能源消费减碳的方案。第 5 部分研究提出以构建中国能源互联网，建设特高压骨干通道、推动跨国电网互联互通、构建全国电—碳市场支撑碳达峰的方案。第 6 部分提出促进碳达峰关键技术的创新方向和重点。第 7 部分分析了以构建中国能源互联网实现碳达峰目标的经济社会环境效益。第 8 部分总结报告主要观点，提出相关建议。

2030 年前碳达峰目标对我国经济社会发展提出了更高要求，也带来了新的重大机遇，将为建设富强民主文明和谐美丽的社会主义现代化强国提供强大动力。需要社会各方携手努力、凝聚共识、迅速行动，深入贯彻新发展理念，把握“十四五”和“十五五”关键窗口期加快构建中国能源互联网，大力推动“两个替代”，加快推动碳排放达峰，为实现“两个一百年”奋斗目标、构建人类命运共同体作出积极贡献。

目 录

图目录

表目录

专栏目录

1 碳达峰重大意义与挑战

习近平总书记在第 75 届联合国大会上提出我国碳达峰、碳中和目标，为我国绿色低碳发展指明了方向。2030 年前，我国经济将持续增长，产业结构转型、能源结构调整任务艰巨，实现碳达峰目标面临重大挑战，亟须提出战略性、系统性、全局性的解决方案。

1.1　经济社会发展与碳排放

1.1.1　经济社会发展

改革开放以来，我国经济社会持续发展，经济实力、科技实力、综合国力不断迈上新台阶，经济稳步增长，经济结构持续优化，发展新动能不断增强，人民生活水平显著提高，综合国力不断提升。**经济稳步增长。**2016—2019 年，国内生产总值（GDP）年均增速达 6.7%。2019 年达到 99 万亿元，人均 GDP 突破 7 万元，对世界经济增长的贡献率为 30%左右。**经济结构持续优化。**加大“破、立、降”力度，推进钢铁、煤炭行业去产能，先进制造业、服务业较快增长，“十三五”期间三产增加值占国内生产总值的比重从 51%增加到 54%，大数据、云计算等相关技术加快推广应用，智能制造加速崛起，中国制造向中高端迈进。**发展新动能不断增强。**深入实施创新驱动发展战略，创新能力和效率进一步提升，新产业、新业态、新商业模式的“三新”经济快速发展。传统产业加快升级，2015—2019 年，“三新”经济增加值占 GDP 的比重由 14.8%提高到 16.3%。**民生显著改善。**2019 年，居民人均可支配收入超过 3 万元，城镇化率超过 60%，中等收入群体超过 4 亿，建成世界规模最大的社会保障体系。居民平均预期寿命达 77.3 岁，比世界平均预期寿命高近 5 岁。

表 1.1 我国国民经济部分指标情况

指标	GDP（万亿元）	人均 GDP（元）	第三产业增加值占比（%）	居民消费水平（元/人）
1978 年	0.37	385	24.6	183
2019 年	99.08	70892	53.9	27563

实现“两个一百年”奋斗目标、全面建成社会主义现代化强国，我国经济将保持稳定增长。“十四五”“十五五”期间，我国将加快建设现代化经济体系，经济增长进入中高速增长阶段。全要素生产率持续提升，产业结构不断优化，传统制造业占比下降，向国际价值链高端迈进，服务业、高新技术产业占比上升；农业现代化取得明显成效，城镇化率持续提升；居民整体消费能力和层次不断升级；投资增速放缓但仍保持较高水平。国内外研究机构认为我国经济规模 2030 年为 160 万亿元左右，年均增长 4.3%～5.4%；中国社科院认为在“供给侧结构性改革”顺利增长较快的情景中，“十四五”“十五五”增速分别可达 6.0%、5.5%，到 2035 年经济总量约 220 万亿元。

综合分析，预计未来十年我国经济仍将处于中高速增长阶段，GDP 年均增速 5%左右，其中“十四五”期间年均增速 5.3%左右，“十五五”期间年均增速 4.6%左右，到 2035 年 GDP 较 2020 年翻一番；第三产业比重稳步上升，成为主导产业；城镇化率达到 70%左右，进入城镇化后期阶段。

表 1.2 国内外机构对我国经济增速预测

机构	2015—2035 年均增速	2015—2050 年均增速	2021—2025 年均增速	2026—2030 年均增速
经济学人	—	5.1%	—	—
普华永道	5.4%	4.7%	3.5%	—
中国社科院（较慢情景）	—	—	5.2%	4.3%
中国社科院（基准情景）	—	—	5.6%	4.9%
中国社科院（较快情景）	—	—	6.0%	5.5%
全球能源互联网发展合作组织	—	—	5.3%	4.6%

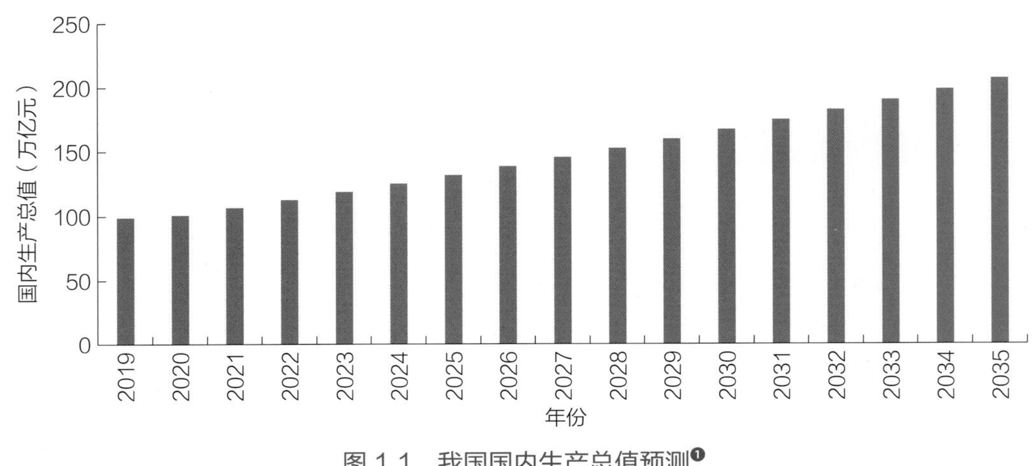

图 1.1　我国国内生产总值预测❶

能源是经济社会发展的基础和动力。2000—2019 年，我国能源消费量从 14.7 亿吨标准煤增长到 48.6 亿吨标准煤，年均增长 6.5%，能源消费弹性系数 0.7 左右。未来 10 年，随着经济发展、城镇化推进、人民生活水平提高，我国能源需求仍将持续增长。预计到 2030 年，我国一次能源需求将增长至 60 亿吨标准煤❷，年均增速 2%，人均能源需求从 2019 年的 3.4 吨标准煤提升至 4.1 吨标准煤；终端能源需求增长至 40 亿吨标准煤，年均增速 1.4%。

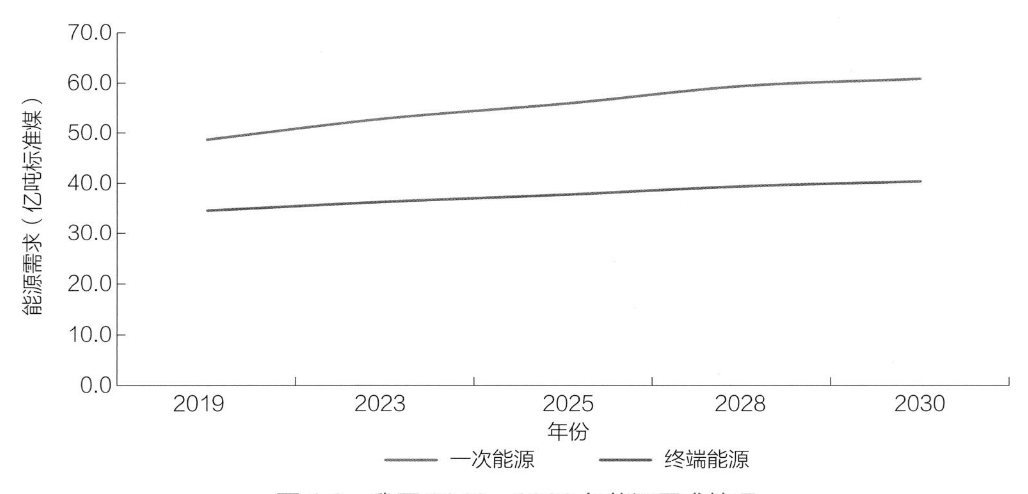

图 1.2　我国 2019—2030 年能源需求情况

❶ 参考中国社科院《未来 15 年中国经济增长潜力与“十四五”时期经济社会发展主要目标及指标研究》。

❷ 采用发电煤耗法计算。

1.1.2 碳排放现状与趋势

我国加快转变发展方式，推进绿色低碳可持续发展。党的十八大把生态文明建设纳入中国社会主义事业的总体布局，党的十九大报告明确指出，我国要“引导应对气候变化国际合作，成为全球生态文明建设的重要参与者、贡献者、引领者”。在经济社会快速发展同时，我国加快转变发展方式，推进绿色低碳可持续发展，积极实施应对气候变化国家战略，取得了突出成效。**提前完成 2020 年碳减排目标。**我国将碳排放强度下降作为约束性指标纳入国民经济和社会发展规划并分解落实，采取措施持续控制温室气体排放，推动开展各类低碳试点示范。近年来，我国碳排放强度持续下降，2019 年比 2005 年下降 48.1%，提前完成我国向国际社会承诺的 2020 年前降低 40%~45%的目标。**清洁能源快速发展。**近年来，我国清洁能源持续快速发展，进入较高比例增量替代和区域性存量替代新阶段。2015 年以来，清洁能源装机容量年均增速超过 12%，占新增装机容量的比重约 60%。截至 2020 年 8 月底，我国水电、风电、光伏发电、生物质能发电累计装机容量分别为 3.6 亿、2.2 亿、2.2 亿、2575 万千瓦，均居世界首位。**工业、建筑、交通领域节能减排成效显著。**2019 年，规模以上企业单位工业增加值能耗比 2015 年累计下降超过 15%，相当于节能 4.8 亿吨标准煤；新能源汽车销量占全球比重 55%，保有量全球第一。**碳市场建设稳步推进。**自 2011 年起，我国在北京、天津、上海、重庆、湖北、广东、深圳 7 个省（市）开展碳排放权交易试点，截至 2020 年 8 月底，试点省市碳市场共覆盖近 3000 家重点排放单位，累计配额成交量约 4 亿吨二氧化碳当量，成交额约 92.8 亿元。**森林碳汇大幅增长。**2018 年，森林面积、森林蓄积量分别比 2005 年增加 4509 万公顷、51 亿立方米，成为同期全球森林资源增长最多的国家。**积极参与全球气候治理。**参与联合国气候变化框架公约、G20、政府间气候变化专门委员会等机制下气候议题磋商谈判，提出中国方案、贡献中国智慧。积极开展气候变化双边合作、南南合作，与 34 个发展中国家签署了 37 份气候变化南南合作谅解备忘录。举办 45 期气候变化南南合作培训班，培训约 120 个发展中国家 2000 余名气候变化官员和技术人员。

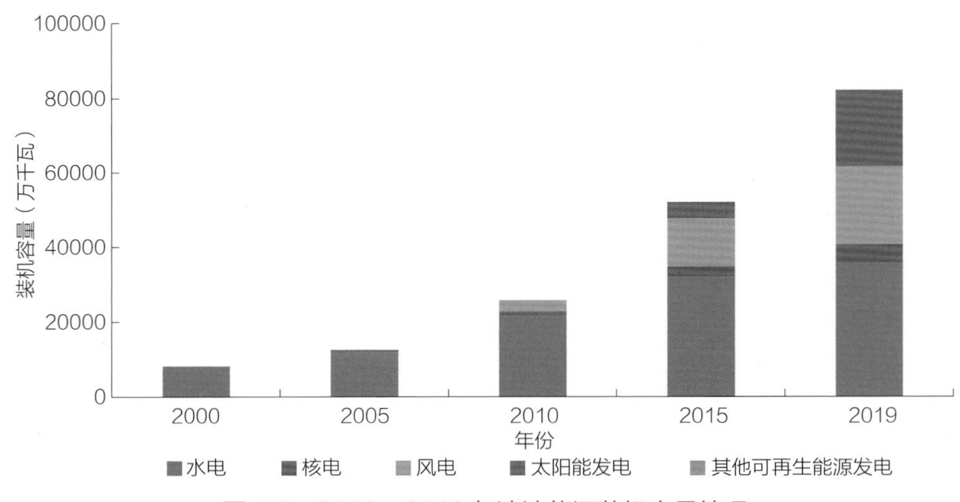

图 1.3　2000—2019 年清洁能源装机容量情况

同时，我国所处的发展阶段及资源禀赋特征致使我国碳排放基数大、增长快。发展不平衡不充分问题依然突出，重型化的产业结构、化石能源为主的能源结构尚未根本转变，经济发展与碳排放仍高度耦合。2019 年，全社会碳排放（含 LULUCF[1]）约 105 亿吨（不含 LULUCF 为 112 亿吨），其中能源活动碳排放约 98 亿吨，占全社会碳排放（不含 LULUCF）的比重约 87%，是碳排放的最主要来源。**从能源品种看，**燃煤发电和供热排放占能源活动碳排放比重 44%，煤炭终端燃烧排放占比 35%，石油、天然气排放占比分别为 15%、6%。**从能源活动领域看，**能源生产与转换、工业、交通运输、建筑领域碳排放占能源活动碳排放比重分别为 47%、36%、9%、8%，其中工业领域钢铁、建材和化工三大高耗能产业排放占比分别是 17%、8%、6%。

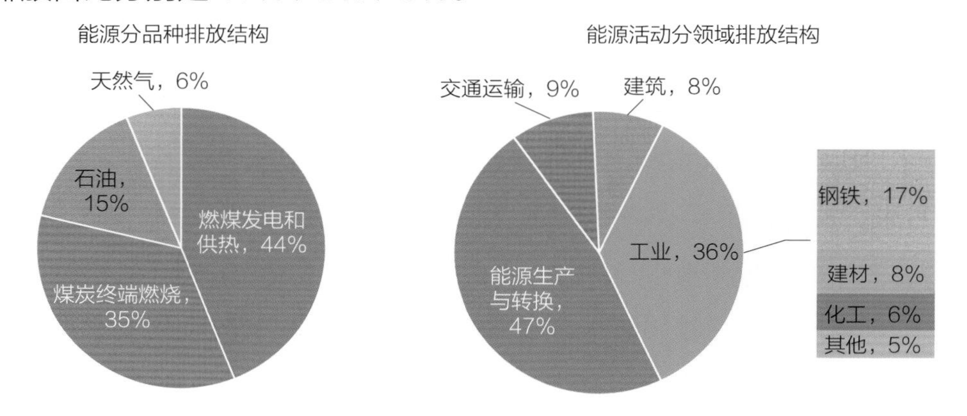

图 1.4　我国能源活动领域二氧化碳排放情况

[1] LULUCF 指土地利用变化和林业。

1.2 2030 年前碳达峰重大意义

1.2.1 促进绿色低碳转型

实现碳达峰目标将加速绿色低碳转型进程。我国将用不到 10 年的时间实现碳达峰，根本扭转温室气体排放持续增长局面，是碳减排的里程碑。加快形成绿色低碳生产生活方式，破解资源环境约束，改善生态环境质量，减少经济社会发展对高碳产业和化石能源的依赖，推动经济社会发展尽早与污染物和碳排放脱钩，为实现碳中和奠定基础。

推动完善全球气候治理体系。2019 年我国能源活动碳排放占全球的 29%左右，是全球应对气候变化的重要组成部分。提出并实现碳达峰目标有力彰显我国应对全球气候变化的大国担当，树立了绿色低碳发展旗帜，将发挥示范和引领作用，带动更多国家在气候治理、能源治理等多方面凝聚共识、加快行动、深入合作，推动构建公平合理、合作共赢的全球气候治理体系，为国际社会落实应对气候变化《巴黎协定》注入大动力。

1.2.2 推动经济高质量发展

发展是当代中国的第一要务，是解决一切问题的基础和关键。我国即将全面建成小康社会，实现第一个百年奋斗目标，将乘势而上开启全面建设社会主义现代化国家新征程，向第二个百年奋斗的目标进军。实现碳达峰和碳中和目标，不仅是应对气候变化的要求，更我国经济高质量发展的需要。

实现碳达峰目标将倒逼经济社会绿色转型。推动供给侧结构性改革，淘汰高碳落后产能，大规模改造提升高耗能传统产业；促进转变发展方式、优化经济结构，培育壮大战略性新兴产业、先进制造业、高端服务业；加快能源结构调整和产业转型升级，构建科技含量高、资源消耗低、环境污染少的绿色能源结构和产业结构，显著增强综合实力和国际竞争力。

推动从“要素驱动”向“创新驱动”的新旧动能转换。引领技术、装备、市场、金融创新，不断提升产业链绿色化、现代化水平，加快清洁能源、电动汽车、储能等绿色低碳领域关键技术研发，提升节能环保、清洁能源产业等绿色低碳产业集聚度和国际竞争力，推进绿色化、低碳化、数字化新型基础设施建设，打造发展新动能，实现增长潜力充分发挥、经济结构持续优化、经济质量效益显著提升，使我国进入创新型国家前列。

1.2.3 保障能源安全高效供应

经过长期发展，我国已成为世界上最大的能源生产国和消费国，形成了煤炭、电力、石油、天然气、可再生能源全面发展的能源供给体系，但也面临化石能源资源枯竭、油气供给受制于人等重大挑战。

实现碳达峰目标将推动能源生产消费革命，以绿色方式满足能源电力需求。推动能源生产、消费、供给、技术、体制变革，促进能源消费结构不断优化、清洁能源消费比重和发展质量持续提升，形成清洁低碳、安全高效的能源体系。破解能源供给制约，降低能源对外依存度，全面提高能源发展质量，增强能源供给的稳定性、安全性、可持续性。

1.3 2030 年前实现碳达峰的挑战

1.3.1 能源需求持续增长的挑战

面向“两个一百年”奋斗目标，我国经济到 2030 年仍将保持稳步增长态势，预计年均增速 5%左右。经济社会发展将带动能源需求持续增长，预计年均增速

2%左右。西方发达国家实现碳达峰时已经进入经济慢速增长阶段，我国经济发展处于快速增长阶段，既要控排放、又要保增长，面临很大困难和挑战。

1.3.2 高碳化能源结构的挑战

能源活动是碳排放的最主要来源，全球煤炭、石油、天然气等化石能源超过一次能源消费总量的 80%，化石能源燃烧排放的二氧化碳占全球总碳排放的 90%左右。如果延续现有能源结构，预计 21 世纪末全球能源部门累计碳排放将超过 4.8 万亿吨，可能导致温升超过 4℃。

2019 年，我国化石能源占一次能源消费比重达 85%，其中碳强度最大的煤炭占比约 58%，呈现“一煤独大”的格局。相比之下，我国清洁能源占一次能源的比重仅为 15%，低于全球平均水平，清洁能源发展的速度和质量亟须加快提升。我国能源消费碳排放强度比世界平均水平高出 30%以上，能源结构调整面临高碳能源资产累积规模总量大、转型困难，一些关键技术和经济性仍存在瓶颈制约，以及市场体系和政策机制不完善等问题和挑战。

1.3.3 重型化产业结构的挑战

产业结构是影响低碳发展的关键因素。国民经济中，第二产业是资源消耗和污染排放的主体，特别是钢铁、建材、化工、有色等高耗能产业。我国仍处于工业化和城镇化快速发展阶段，2019 年第二产业增加值占 GDP 的 39%，第三产业增加值占 GDP 的 54%，远低于 65%的世界平均水平，且高耗能产业占比仍然较高。建立在化石能源基础上的工业体系，依靠资源消耗和劳动力等要素驱动的传统增长模式具有巨大惯性，对当前及今后一个时期经济增长仍将发挥重要作用。加快产业结构升级，促进产业链和价值链向高端跃升，面临着传统产业发展路径锁定、关键技术瓶颈、体制机制障碍等一系列挑战。

随着我国经济、人口、能源消费持续增长，如果延续现有发展模式，我国化石能源总量仍将持续快速增长，到 2030 年达到 50 亿吨标准煤，其中煤炭总量 29 亿吨标准煤，石油总量 9.2 亿吨，天然气总量 6300 亿立方米，相应的全社会碳排放增长至 121 亿吨，2030 年前无法实现碳达峰。亟须深刻认识我国实现碳达峰面临的严峻形势和加快产业结构、能源结构转型的紧迫性，提出战略性、系统性的解决方案，加快转变经济和能源发展方式，严控化石能源消费增长，尽早实现碳达峰。

表 1.3　现有模式延续情景主要指标

指标	单位	2019 年		2030 年	
		数量	占比	数量	占比
全社会碳排放	亿吨二氧化碳	105	—	121	—
一次能源	亿吨标准煤	48.6	—	62.4	—
煤炭		28.0	58%	28.9	46%
石油		9.2	19%	13.2	21%
天然气		3.9	8%	8.0	13%
清洁能源		7.5	15%	12.3	20%

1.4　小结

（1）习近平总书记提出的碳达峰、碳中和目标为我国应对气候变化、推动绿色发展指明了方向、擘画了蓝图，这是党中央、国务院统筹国际国内两个大局作出的重大战略决策。面向碳达峰目标形成合力、采取行动，将促进我国绿色低碳发展、推动经济高质量发展、保障能源安全，并在全球树立低碳发展形象，为落实《巴黎协定》注入强大动力。

（2）未来我国经济将保持稳定增长，带动能源需求持续增长，能源结构和产业结构转型面临很多挑战。如果延续现有发展模式，预计到 2030 年我国碳排放将超过 121 亿吨，无法实现 2030 年前碳达峰。必须加快转变经济和能源发展方式，严控化石能源消费增长，才能实现碳达峰目标。

2 碳达峰思路与目标

化石能源生产和消费是碳排放的主要来源。实现碳达峰目标关键要抓住能源转型这个“牛鼻子”，以能源清洁化、电气化为方向，以中国能源互联网为基础平台，全面实施“两个替代”（即能源开发实施清洁替代，能源使用实施电能替代），优化能源结构、提高能源效率、严控化石能源总量，实现清洁低碳可持续发展。

2.1 总体思路

2.1.1 减排方向

我国能源活动碳排放占全社会碳排放的 87%，控制能源生产和消费碳排放是实现全社会碳达峰目标的关键。立足我国国情、遵循能源发展规律，根本出路是**以能源生产清洁化、能源消费电气化为方向**，着力优化能源结构、提高能源效率、严控化石能源总量，构建清洁主导、电为中心的现代能源体系。

清洁化是能源生产碳减排的方向。我国化石能源发电量占比高达 68%，发电碳排放占能源活动碳排放的 40%左右，必须加快以清洁能源发电替代化石能源发电，实现能源生产碳排放尽快达峰。

电气化是能源消费碳减排的方向。电能是清洁、高效、零排放的二次能源。2019 年我国电能占终端能源的比重约 26%，终端化石能源消费碳排放占能源活动碳排放的 53%，必须在能源消费侧以电能替代化石能源直接燃烧，提高电气化水平，实现能源消费碳排放尽快达峰。

2.1.2 基本原则

统筹碳排放控制与安全发展。坚持新发展理念，树立全球视野，既要控制碳排放增长、控制化石能源消费，又要保障经济发展的能源需求；既要加快绿色低碳转型，又要保证能源安全、稳定供应，促发展、保安全、抓减排协同并进。

统筹近期目标与长远规划。坚持放眼未来、立足当前，远近结合谋划碳达峰、碳中和目标和路径，推动各阶段碳减排相互衔接、相互促进。

统筹抓好全局与突出重点。加强能源转型发展与经济产业转型发展的统筹规划，以整体效益最大化为准则确定减排重点、达峰时间和路径，强化能源、交通等重点行业和重点区域碳排放控制。

统筹市场驱动与政策引导。充分发挥市场在资源配置中的决定性作用，建立促进碳减排的市场平台，发挥战略规划引导和政策机制保障作用，构建更有力、更全面的清洁发展政策和节能减排长效机制，确保实现碳达峰。

2.1.3 达峰思路

我国实现碳达峰目标的总体思路：深入贯彻习近平总书记重要讲话和指示精神，围绕实现“两个一百年”奋斗目标和中华民族伟大复兴的中国梦，坚持统筹推进“五位一体”总体布局、协调推进“四个全面”战略布局，全面贯彻新发展理念，深入落实“四个革命、一个合作”能源安全新战略，坚持清洁低碳可持续发展方向，以中国能源互联网为基础平台，全面实施“**两个替代**”，促进“**双主导、双脱钩**”（即能源生产清洁主导、能源使用电能主导，能源发展与碳脱钩、经济发展与碳排放脱钩），实现化石能源消费总量和碳排放 2028 年左右达峰，建立清洁高效的现代能源体系、绿色低碳循环发展的现代化经济体系，为碳中和奠定坚实基础。

中国能源互联网是促进“两个替代”、实现碳达峰的基础平台。中国能源互联网是清洁能源在全国范围大规模开发、配置和使用的平台，是清洁主导、电为中心的现代能源体系，为 2030 年前碳达峰提供了基础平台。中国能源互联网实质上是“智能电网+特高压电网+清洁能源”。**智能电网是基础，**能够适应各类清洁能源的灵活接入，实现源网荷储协同优化、多能互补和高效使用，满足用户多样化需求。**特高压电网是关键，**能够实现数千千米、千万千瓦级电力输送和跨国跨区电网互联，各大清洁能源基地和用电地区都在特高压电网覆盖范围内。**清洁能源是根本，**各种集中式和分布式清洁能源成为主导能源，是实现绿色低碳发展的根本保证。

以清洁替代转变能源生产方式。建设中国能源互联网，将各类清洁能源通过集中式、分布式等多种方式开发转化为电能，替代煤炭、石油、天然气等化石能源使用，转变“一煤独大”的能源结构，形成清洁主导的能源生产格局，从源头上减少化石能源发电产生的二氧化碳排放。

以电能替代转变能源使用方式。建设中国能源互联网，走全面电气化道路，以电能满足终端各领域能源使用需求，形成以电为中心，多种用能形式互补、集成的新型能源使用格局，有效降低煤、油、气等化石能源在终端燃烧产生的二氧化碳排放。

2.1.4 达峰基础

清洁发展基础。我国连续多年成为全球清洁能源最大投资国，清洁能源发电并网装机容量全球第一。近十年，太阳能发电、风电装机容量分别增长超 300、7 倍。清洁能源发电技术不断创新，经济性持续提升，光伏发电、风电等清洁能源装备制造水平世界领先。

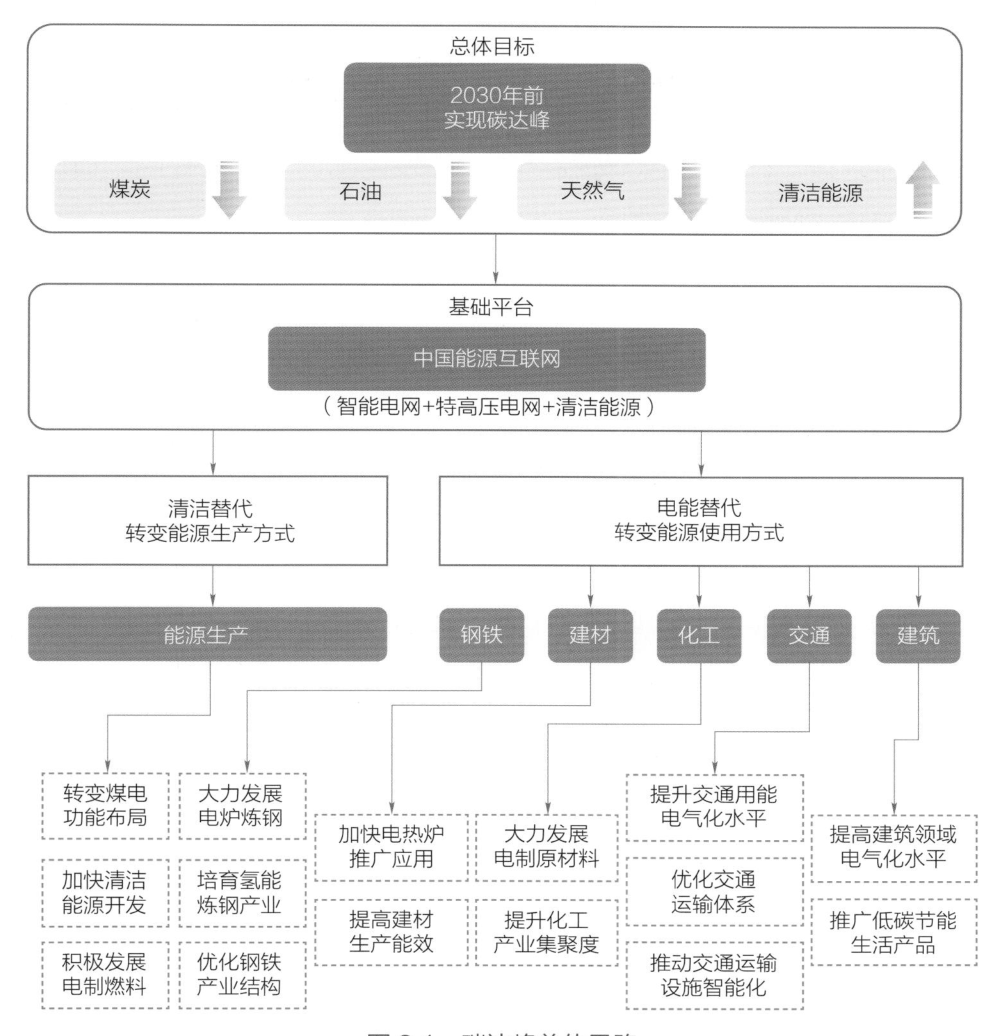

图 2.1　碳达峰总体思路

技术基础。特高压交直流输电、智能电网、清洁能源发电等关键技术成熟，研发和应用不断实现新突破。±1100 千伏特高压直流输电距离可达 6000 千米以上，输送能力达到 1200 万千瓦，能够实现电力跨国跨区高效配置。风电、光伏发电技术快速进步，基本具备平价上网条件。

产业基础。“十三五”以来，“三去一降一补”重点任务扎实推进，供给侧结构性改革成效显著。钢铁、煤炭、水泥等高碳、高耗能行业落后产能有序退出，新能源、电动汽车、电力装备等产业全球领先，传统产业清洁低碳转型的技术经济条件日趋成熟。

政策基础。党的十八大以来，党中央把生态文明建设作为统筹推进“五位一体”总体布局和协调推进“四个全面”战略布局的重要内容。国家出台了一系列精准的去产能政策。针对风电、光伏、生物质发电出台了电价补贴、促进消纳等支持政策。形成去补结合、鼓励低碳发展的政策环境。

2.2 达峰目标

2.2.1 达峰时间和峰值

习近平总书记明确提出 2030 年前碳达峰、2060 年前碳中和的总体目标。碳达峰是碳中和的前提和基础，实现碳中和目标，要求尽早碳达峰。从长远看，推迟达峰、增加峰值将增加总体减排投入，研究表明，如果我国碳达峰年从 2030 年推迟 2～4 年，将导致累积碳排放增加 10%～16%，增加后期减排压力，减排成本额外增加 5 万亿～8 万亿元。

综合分析我国经济、人口、能源消费增长态势，以及资源、技术、产业、政策基础，加快构建中国能源互联网，实施“两个替代”，构建清洁主导、电为中心的现代能源体系，能够使煤炭消费得到有效控制，石油、天然气消费增速放缓，并分别于 2030、2035 年达峰，**从而实现全社会碳排放 2028 年达峰，峰值 109 亿吨，2030 年降为 102 亿吨**，较现有模式延续情景减排 19 亿吨。

（1）**能源活动碳排放** 2028 年达峰，峰值 102 亿吨，2030 年降至 97 亿吨。其中煤炭碳排放持续下降，到 2028、2030 年分别为 76 亿、70 亿吨左右；石油碳排放 2028 年增长至 17.2 亿吨，2030 年左右达到峰值 17.4 亿吨；天然气碳排放 2028、2030 年分别增长至 8.8 亿、9.5 亿吨，2035 年左右达到峰值 10.1 亿吨。

（2）**工业过程碳排放** 2028、2030 年分别为 13 亿、12 亿吨。

（3）**土地利用变化和林业（LULUCF）碳汇**保持在 6 亿吨左右。

表 2.1 全社会二氧化碳排放及构成 单位：亿吨二氧化碳

指标	2028 年	2030 年	2035 年
能源活动碳排放	102.3	96.7	77.1
煤炭	76.3	69.8	51
石油	17.2	17.4	16
天然气	8.8	9.5	10.1
工业生产过程碳排放	13	11.7	11
土地利用变化和林业（LULUCF）	-5.9	-5.9	-5.9
废弃物处理	0.2	0.2	0.2
碳移除（CCS 和 BECCS）	-0.6	-0.7	-1
全社会净排放	109	102	81.4

2.2.2 对应碳达峰的能源消费与电力装机容量

1. 能源消费

一次能源消费总量 2028、2030 年分别达到 59 亿、60 亿吨标准煤，自 2019 年起年均增速 2%。

其中**煤炭**消费总量 2028、2030 年分别下降至 27 亿、25 亿吨标准煤左右。**石油**消费总量 2028 年增长至 7.3 亿吨，2030 年左右达到峰值 7.4 亿吨。**天然气**消费总量 2028、2030 年分别增长至 4500 亿、4800 亿立方米，2035 年左右达到峰值 5000 亿立方米。**清洁能源**年均增速达 8%以上，2028、2030 年清洁能源消费分别达到 15.8 亿、18.6 亿吨标准煤，占一次能源比重 27%、31%。

表 2.2　我国一次能源结构　　单位：亿吨标准煤

指标	2019 年		2025 年		2028 年		2030 年		2035 年	
	用量	占比	用量	占比	用量	占比	用量	占比	用量	占比
煤炭	28.0	58%	27.6	50%	27.2	46%	25.1	42%	18.7	30%
石油	9.2	19%	10.0	18%	10.5	17%	10.6	17%	9.7	16%
天然气	3.9	8%	5.1	9%	5.7	10%	6.1	10%	6.5	11%
清洁能源	7.5	15%	13.0	23%	15.8	27%	18.6	31%	26.2	43%
一次能源总量	48.6	—	55.7	—	59.2	—	60.4	—	61.1	—

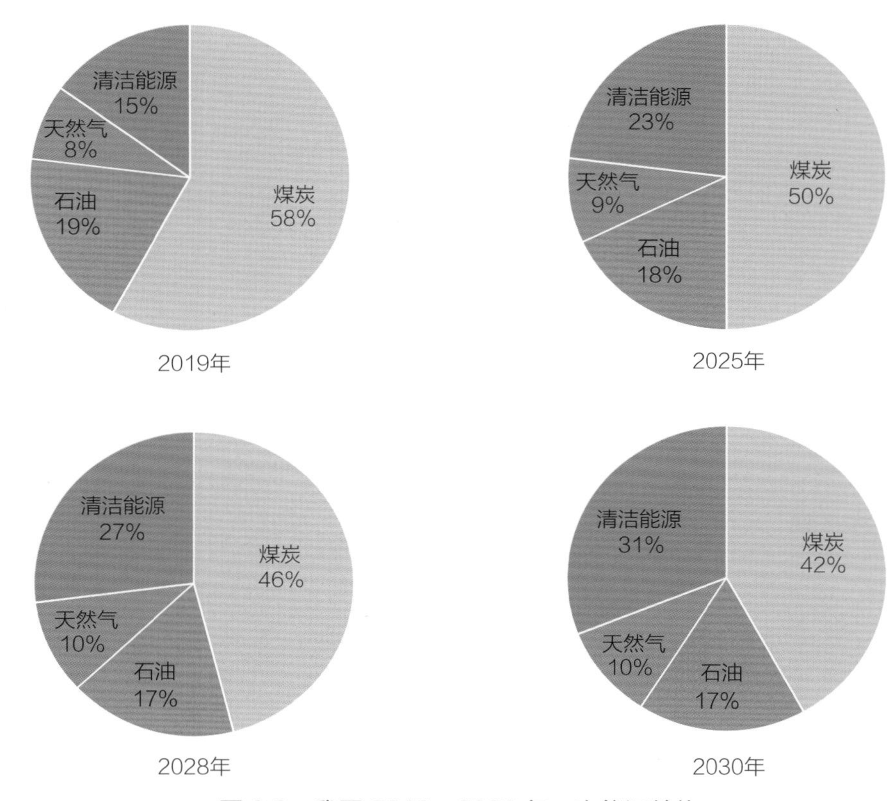

图 2.2　我国 2019—2030 年一次能源结构

2. 电力装机容量

电力装机总量持续增长，2028、2030 年分别增长至 33.9 亿、38 亿千瓦，自 2019 年起年均增速 6%。

其中**煤电** 2025 年达到峰值 11 亿千瓦，到 2030 年降至 10.5 亿千瓦。**气电** 2028、2030 年分别增长至 1.7 亿、1.85 亿千瓦。**水电** 2028、2030 年分别增长至 4.1 亿、4.4 亿千瓦，自 2019 年起年均增速 3%。**风电** 2028、2030 年分别增长至 6.6 亿、8 亿千瓦，自 2019 年起年均增速 13%。**太阳能发电** 2028、2030 年分别增长至 8.05 亿、10.25 亿千瓦，自 2019 年起年均增速 16%。

表 2.3　我国电力装机结构　　单位：亿千瓦

指标	2019 年		2025 年		2028 年		2030 年		2035 年	
	容量	占比	容量	占比	容量	占比	容量	占比	容量	占比
常规水电	3.3	16%	3.9	13%	4.1	12%	4.4	11%	4.9	10%
抽蓄	0.3	2%	0.68	2%	0.95	3%	1.13	3%	1.4	3%
煤电	10.4	52%	11	38%	10.9	32%	10.5	28%	9	18%
气电	0.9	5%	1.5	5%	1.7	5%	1.85	5%	2	4%
核电	0.5	2%	0.7	3%	0.9	3%	1.1	3%	1.25	3%
风电	2.1	10%	5.4	18%	6.6	19%	8	21%	11	22%
太阳能发电	2.0	10%	5.59	19%	8.05	24%	10.25	27%	18.5	38%
生物质及其他	0.6	3%	0.65	2%	0.7	2%	0.8	2%	0.97	2%
总装机容量	20.1	—	29.42	—	33.9	—	38.0	—	49.0	—

2.2.3 煤炭消费控制目标

1. 发电用煤

2019 年，煤电产生的碳排放占能源活动碳排放的 40%。过去 10 年，我国煤电年均增速近 5%，新增碳排放占能源活动碳排放增量的 40%左右。如果延续现有发展模式，煤电装机容量 2030 年前持续增长到 13 亿千瓦，相应煤电碳排放还将增长 7 亿吨，即使花极大代价控制其他化石能源消费，也无法实现 2030 年前碳达峰目标。必须控制煤电装机容量 2025 年达峰，峰值 11 亿千瓦，到 2030

年下降为 10.5 亿千瓦。

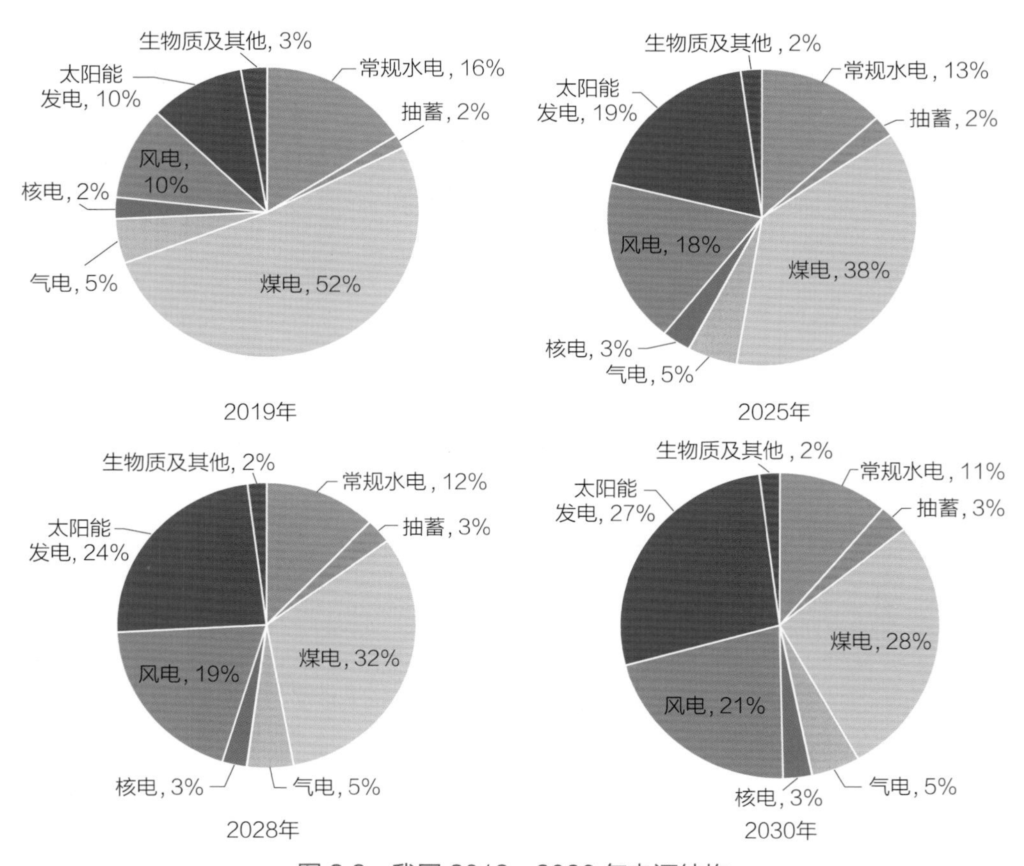

图 2.3　我国 2019—2030 年电源结构

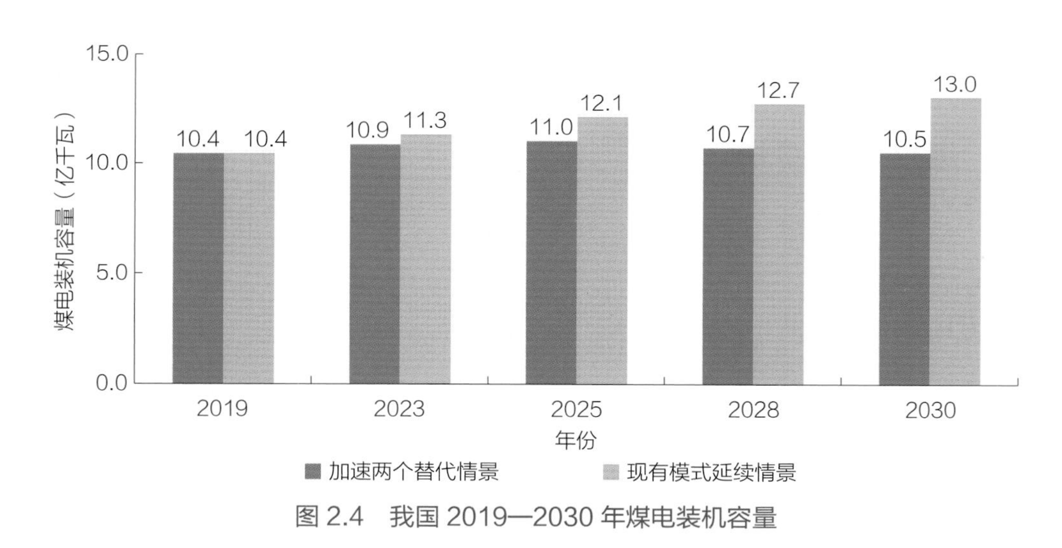

图 2.4　我国 2019—2030 年煤电装机容量

对应煤电装机容量，碳排放由当前的 39.6 亿吨分别达到 2028、2030 年的 42.9 亿、39 亿吨。

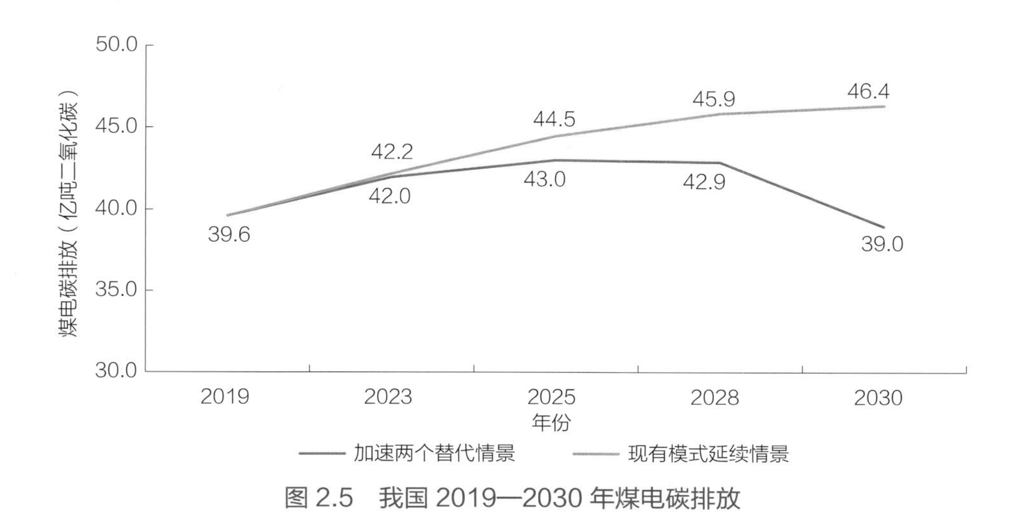

图 2.5　我国 2019—2030 年煤电碳排放

2. 终端用煤

2019 年，终端用煤产生的碳排放占能源活动碳排放的 35%。我国终端用煤总量已于 2013 年达峰，过去 5 年年均下降 3%左右，是我国近年来碳排放增长趋缓的重要原因。但我国散烧煤占煤炭消费的比重仍接近 20%，终端用煤有较大潜力继续压减。综合分析工业、建筑等领域用煤需求、替代潜力，预计 2028、2030 年终端用煤可降至 10.5 亿、9.8 亿吨。

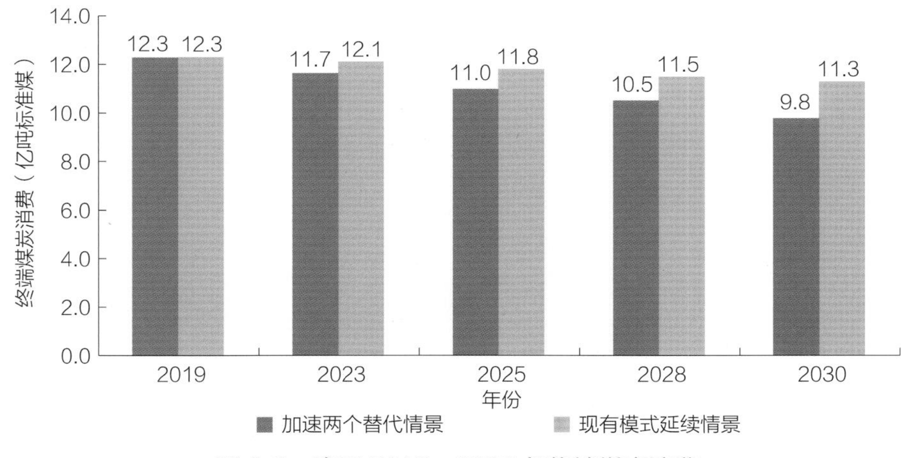

图 2.6　我国 2019—2030 年终端煤炭消费

对应终端用煤总量，碳排放由当前的 32.8 亿吨分别降至 2028、2030 年的 27.5 亿、25.3 亿吨。

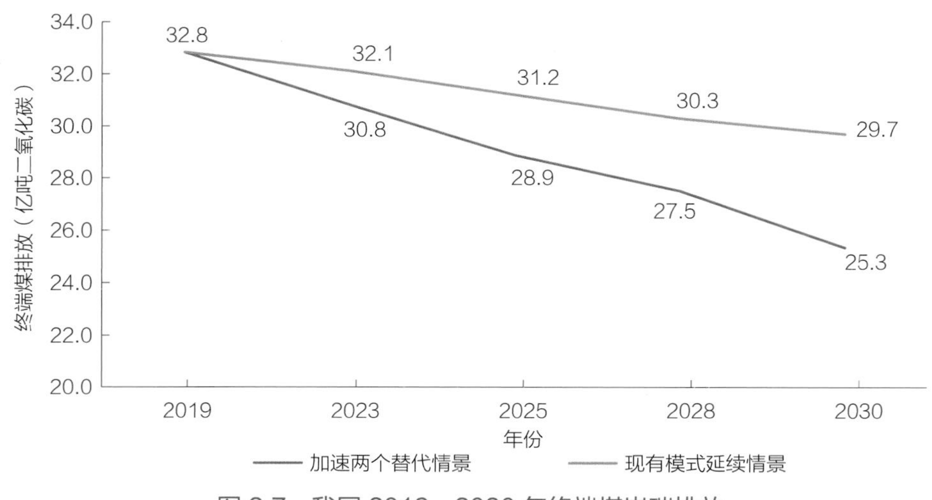

图 2.7 我国 2019—2030 年终端煤炭碳排放

2.2.4 石油消费控制目标

2019 年，石油使用产生的碳排放占能源活动碳排放的 15%。过去 10 年，我国石油用量年均增速超过 5%，产生的碳排放增量占能源活动碳排放增量的 56%，是碳排放增长的主要因素。随着经济增长、居民汽车保有量增加，如果延续现有发展模式，石油消费 2030 年将增长至 9.2 亿吨，碳排放较当前增长 7 亿吨，无法实现 2030 年前碳达峰目标。**必须大力推动交通等领域电能替代。综合分析交通、工业等领域用油需求、替代潜力，预计石油消费能够于 2030 年左右达峰，峰值 7.4 亿吨。**

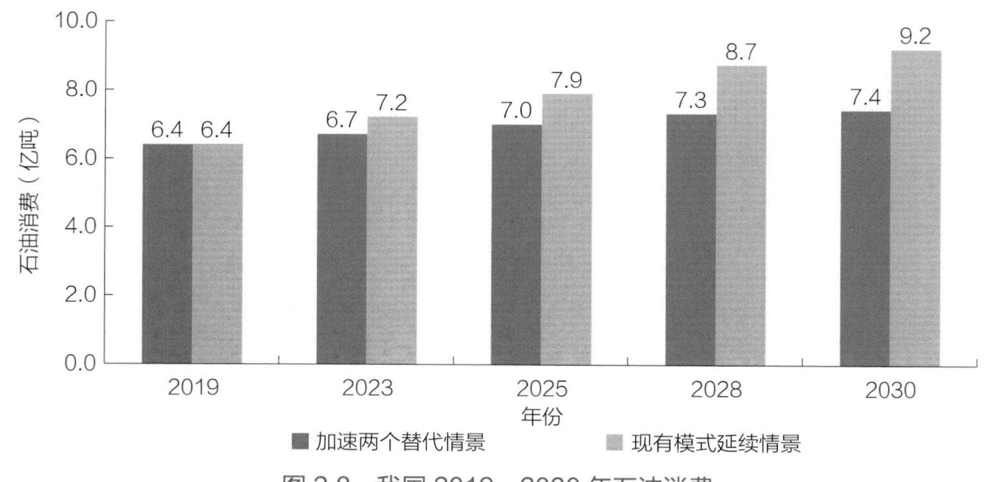

图 2.8 我国 2019—2030 年石油消费

对应石油消费总量，碳排放由当前的 14.9 亿吨分别达到 2028、2030 年的 17.2 亿、17.4 亿吨。

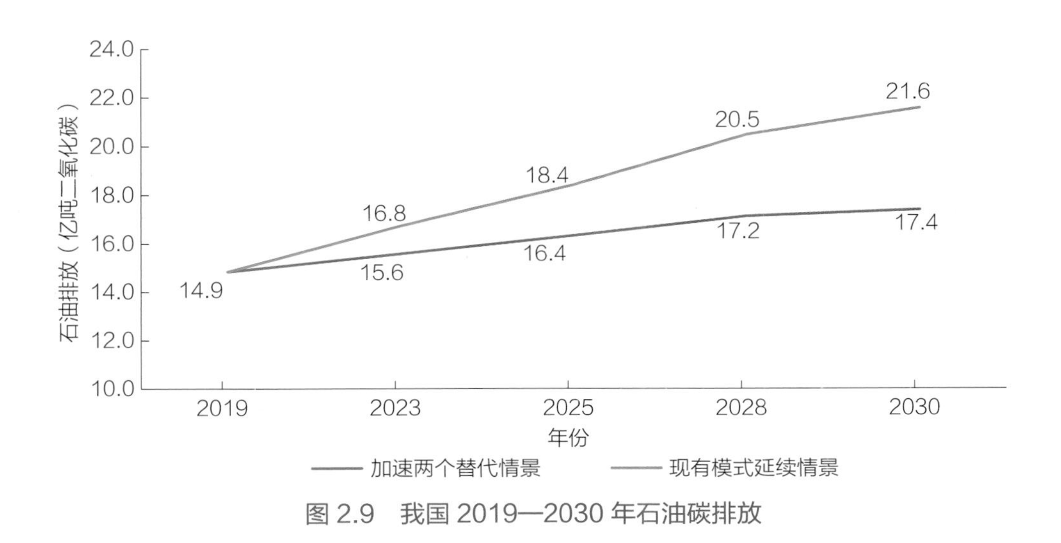

图 2.9　我国 2019—2030 年石油碳排放

2.2.5　天然气消费控制目标

天然气使用产生的碳排放占能源活动碳排放的 6%。过去 10 年，我国天然气用量年均增速 12%，碳排放增量占能源活动碳排放增量的 17%。随着经济发展、城镇化推进，如果延续现有发展模式，预计到 2030 年我国天然气使用需求将增长超过 6300 亿立方米，碳排放较当前增加 7 亿吨，无法实现 2030 年前碳达峰目标。要合理控制天然气消费增速，主要用于满足新增需求、替代散烧煤等。**综合分析工业、建筑等领域用气需求、替代潜力，预计天然气总量于 2035 年左右达到峰值 5000 亿立方米，2028、2030 年分别达 4500 亿、4800 亿立方米。**

对应天然气消费总量，碳排放由当前的 5.9 亿吨分别达到 2028、2030 年的 8.8 亿、9.5 亿吨。

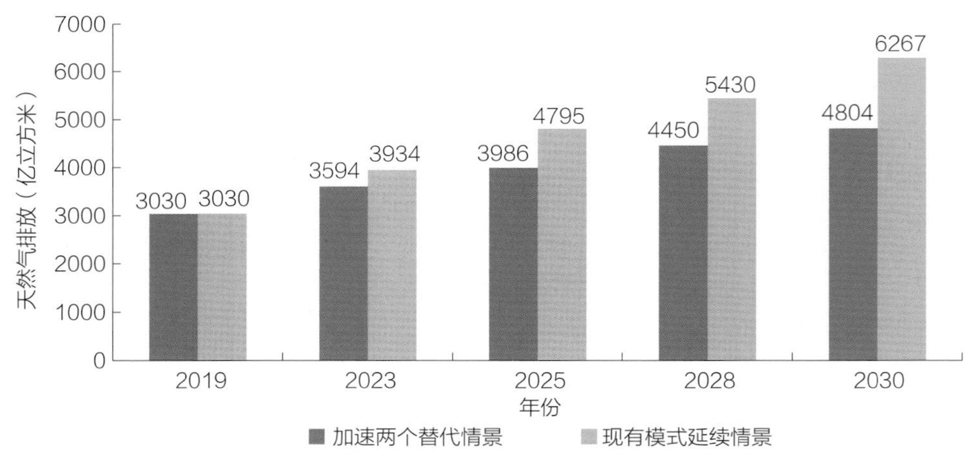

图 2.10 我国 2019—2030 年天然气消费

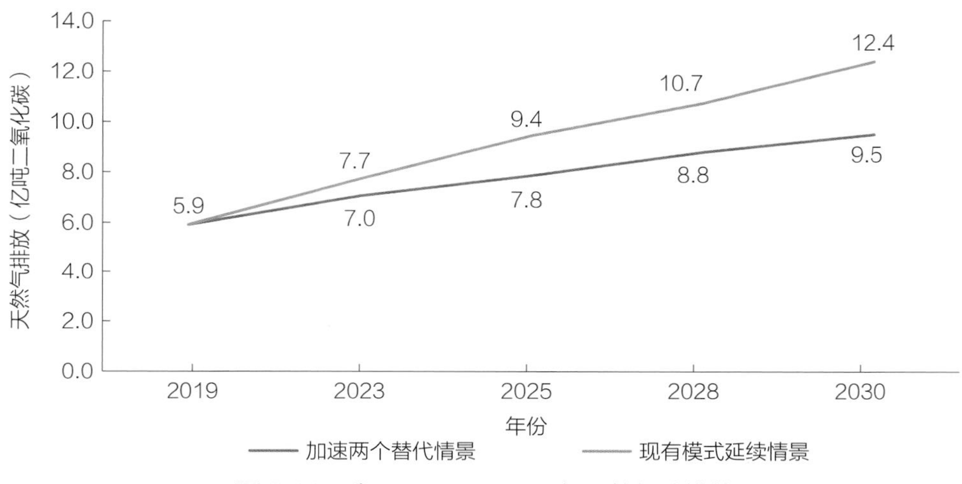

图 2.11 我国 2019—2030 年天然气碳排放

2.3 重点举措

我国煤炭、石油、天然气使用主要集中在能源生产、钢铁、建材、化工、交通、建筑等领域。严控化石能源总量，实现 2030 年前碳达峰的关键是在这些领域协同发力，转变发展模式，全面实施“两个替代”，提高电气化水平和能效。

表 2.4 我国 2017 年化石能源在各领域消费占比

领域行业	煤炭	石油	天然气
能源电力生产	54%	6%	21%
钢铁	21%	0%	2%
建材	10%	1%	3%
化工	7%	21%	20%
交通	0%	49%	11%
建筑	5%	12%	23%
其他	3%	11%	20%

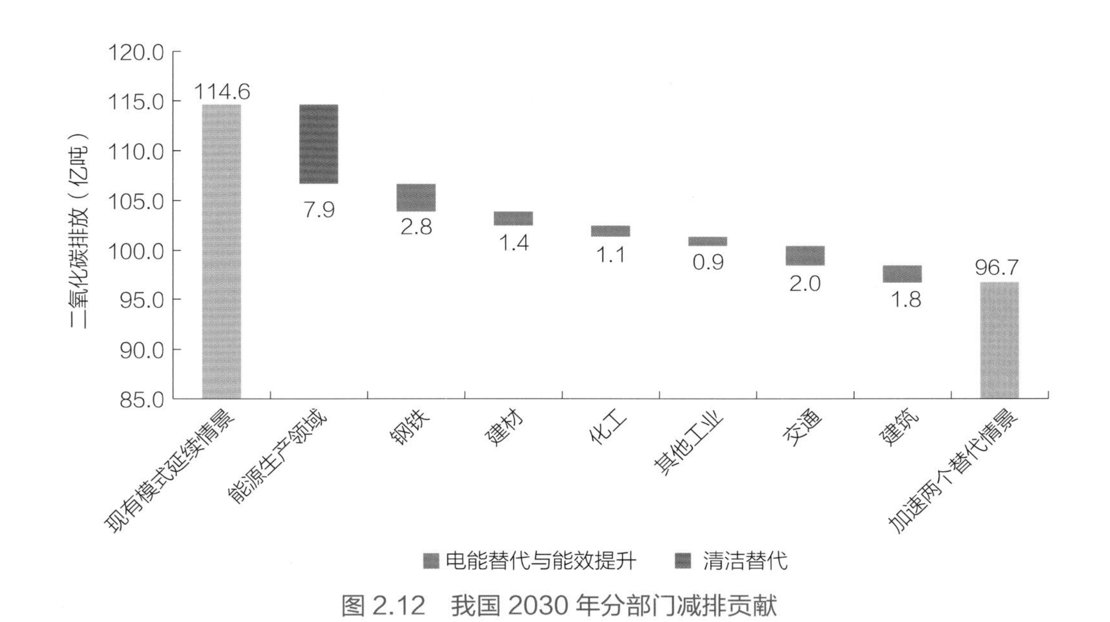

图 2.12 我国 2030 年分部门减排贡献

2.3.1 能源生产领域

实施清洁替代，严控煤电总量，大力发展清洁能源，积极发展电制燃料，优化电源结构，实现**电力行业碳排放率先于 2025 年达峰，峰值约 45 亿吨二氧化碳，2030 年下降至 41 亿吨**。

（1）**严控并逐步压减煤电装机容量**。东中部煤电尽快退出，新增煤电装机容量向西部北部转移。煤电功能逐步由基荷电源转变为调节电源，为清洁能源发电提供支撑。

（2）**大力发展清洁能源**。加快西部北部集中式光伏发电基地、大型风电基地、西南大型水电基地建设，因地制宜发展分布式能源，稳妥开发海上风电。每年新增 1.3 亿千瓦风光发电、1000 万千瓦水电，2030 年清洁能源发电装机容量和发电量占总装机容量和总电量的比重分别提升至 68%和 53%。

（3）**积极发展电制燃料**。大力发展电制氢，推动氢燃料电池、氢能炼钢、氢能发电等技术创新与推广应用。2030 年电解水制氢产量达到 500 万吨。

2.3.2 能源使用领域

在工业、交通、建筑等领域实施电能替代和能效提升，加快以电代煤、以电代油、以电代气，推广节能减排新技术，推动产业优化升级，提高能源利用效率，降低散烧煤、工业用煤，控制交通用油，实现**终端用能部门碳排放 2028 年达峰，峰值约 50 亿吨二氧化碳，2030 年下降至 48 亿吨。**

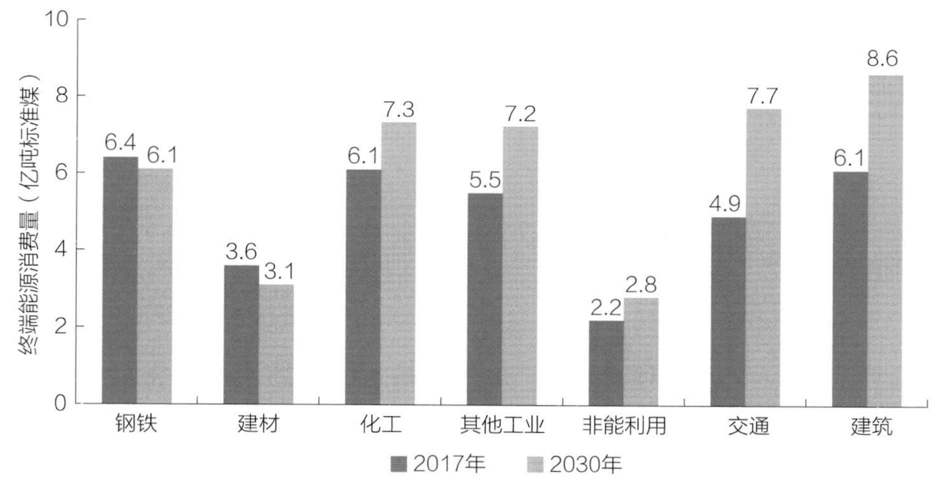

图 2.13 我国终端分行业能源消费量

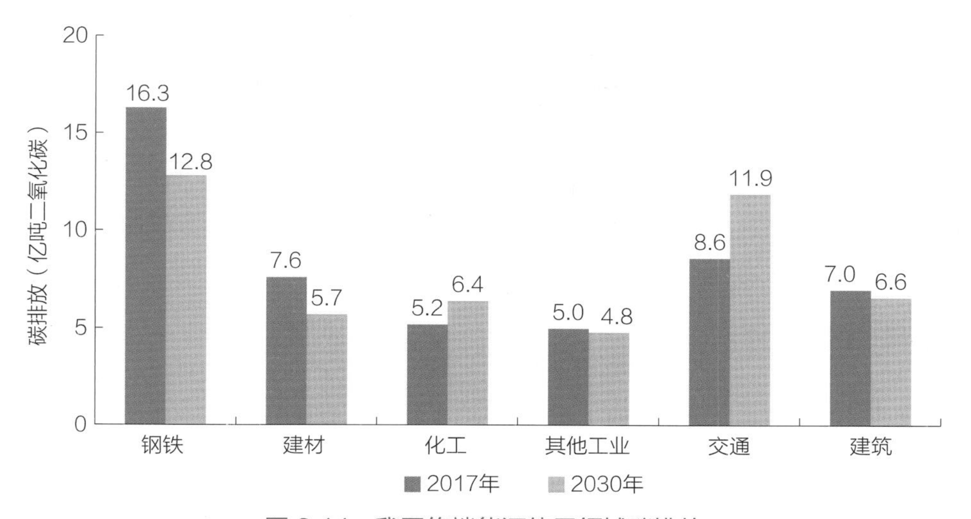

图 2.14　我国终端能源使用领域碳排放

（1）钢铁行业。加快发展电炉炼钢，积极推动钢铁产业高端化，推广节能减排新技术，提高炼钢能效。预计 2030 年，吨钢能耗降低 20%，电气化率提高 11 个百分点，新增用电需求 5300 亿千瓦时。碳排放 12.8 亿吨，较现有模式延续情景减排 2.8 亿吨。

（2）建材行业。积极发展电窑炉、电熔炉，加快新一代工艺技术攻关与应用，提高用能效率。预计 2030 年，能效提高 7%～8%，电气化率由 24%提高至 32%，新增用电量 1100 亿千瓦时。碳排放 5.7 亿吨，较现有模式延续情景减排 1.4 亿吨。

（3）化工行业。提升化工企业集聚度，推动产业高端化，降低资源消耗、二氧化碳及污染物排放，积极发展电制原材料。预计 2030 年，化工行业单位产值能耗下降 30%以上。碳排放 6.4 亿吨，较现有模式延续情景减排 1.1 亿吨。

（4）交通行业。发展电动汽车、氢燃料电池汽车，推动交通高比例电气化；优化交通运输体系，提升铁路运输比重，完善公共交通系统；发展智慧交通，研发推广自动驾驶、车路协同等智能技术。预计 2030 年，我国新能源汽车保有量将达到 6500 万辆，占比达 18%；交通领域电气化率达到 11%，提高 7 个百分点。碳排放 11.9 亿吨，较现有模式延续情景减排 2 亿吨。

（5）**建筑领域**。推广空气能热泵、蓄热式电锅炉、电炊事等技术和设备；推广智能家电、节能材料，实施楼宇节能改造；倡导低碳生活方式。预计 2030 年，建筑领域能效提高 8～10 个百分点，电气化率由 38%提高至 49%，新增电能消费 1.5 万亿千瓦时。碳排放 6.6 亿吨，较现有模式延续情景减排 1.8 亿吨。

2.3.3 能源配置领域

加快建设特高压骨干网架与输电通道，构建全国电—碳市场，以大电网大市场协同推动生产源头、终端消费碳减排。2030 年，我国跨省跨区电力流将达到 4.6 亿千瓦，跨国电力流 4250 万千瓦。电—碳市场交易总量达到 6 万亿千瓦时，占全社会用电量的比重超过 55%。

2.4 小结

（1）实现碳达峰的思路是以中国能源互联网为基础平台，全面实施“两个替代”，提高电气化水平和能效水平，促进“双主导、双脱钩”，逐步摆脱经济社会对化石能源的依赖，建立清洁高效的现代能源体系和绿色低碳循环发展的现代化经济体系。

（2）加快构建中国能源互联网，全面实施“两个替代”，能够实现煤炭消费持续下降，石油、天然气消费增速放缓，并分别于 2030、2035 年达峰，从而实现全社会碳排放 2028 年达峰，峰值 109 亿吨，2030 年降为 102 亿吨，较现有模式延续情景减排 19 亿吨。

（3）实现碳达峰要在能源生产领域、能源使用领域、能源配置领域协同发力，调整产业结构，推广低碳技术，转变发展模式。

3 以清洁替代加快能源生产减碳

我国能源生产碳排放占能源活动碳排放的 47%，其中电力是主要排放行业，煤电碳排放占能源活动碳排放 40%左右，且近 10 年仍以年均 5%的速度增长。实现能源生产减碳，必须加快以清洁能源替代化石能源，重点是严控煤电总量、尽快实现达峰，水风光并进、集中式与分布式并举发展清洁能源发电，从源头上减少化石能源碳排放。

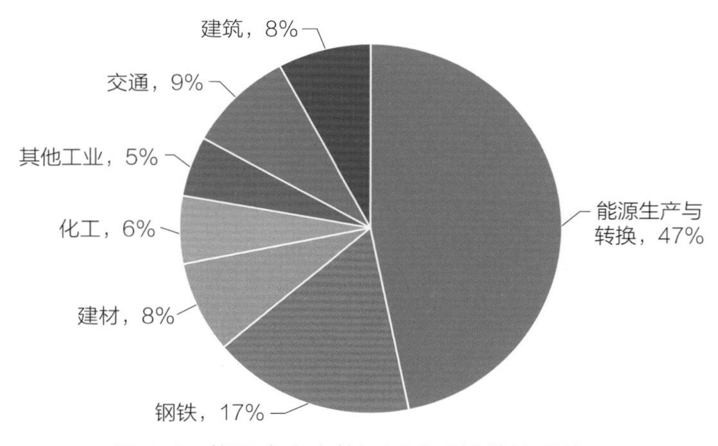

图 3.1　能源生产占能源活动碳排放比重情况

3.1　转变煤电功能布局

3.1.1　煤电碳排放现状

煤电是我国碳排放的主要来源之一。我国电源结构以煤电为主，截至 2019 年年底，煤电装机容量、发电量分别达 10.4 亿千瓦、4.5 万亿千瓦时，占全国电源总装机容量、总发电量的 52%、62%。2019 年，我国煤电消费约 54%的煤炭，排放约 40%的二氧化碳，同时还排放约 15%的二氧化硫、10%的氮氧化物以及大量烟尘、粉尘、炉渣、粉煤灰等污染物。

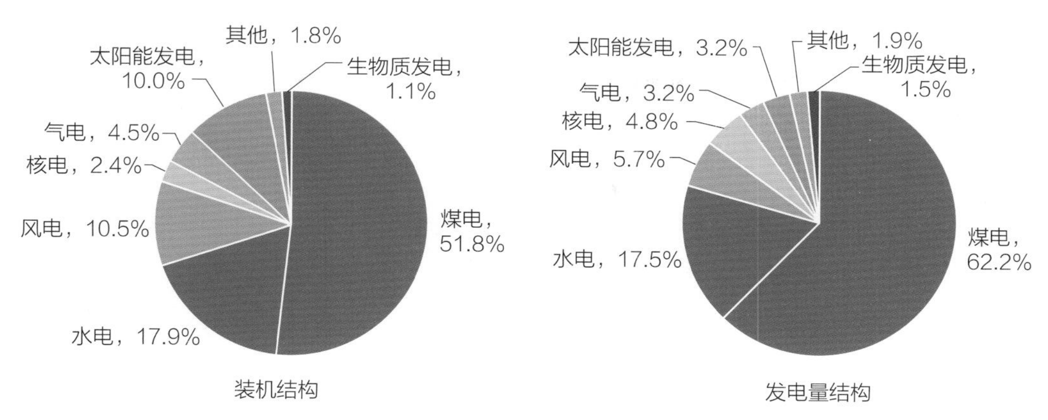

图 3.2　2019 年我国电力装机容量、发电量结构

我国是全球煤电装机容量第一大国，2019 年煤电装机容量和发电量均占全球总量的一半以上。当前，我国煤电装机容量仍继续增长，过去 10 年年均净新增装机容量超过 4000 万千瓦，占全球净新增煤电装机容量的 80%以上。

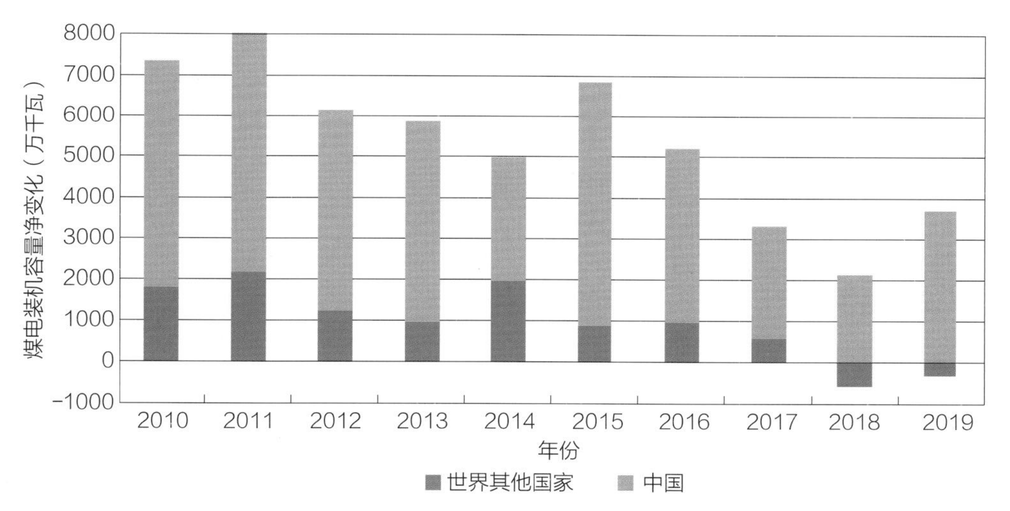

图 3.3　2010—2019 年我国与其他国家净新增煤电装机容量

专栏 1　我国煤电转型退出任务艰巨

机组容量大，随着“上大压小”政策持续推进，我国小型落后煤电机组大量已被淘汰，截至 2018 年年底，30 万千瓦以上级煤电机组已占总装机容量的 90%以上，60 万千瓦以上级先进机组占比已超过一半。**服役时间短**，我国煤电机组平均服役时间仅 11 年，超过 48%的机组是近 10 年内建

成投产的，服役超过 20 年的机组仅占 11%，特别是百万千瓦级机组平均服役时间仅 4 年。按 30 年运行寿命，未来 5、10 年内到期退役机组仅 2500 万、5700 万千瓦，分别占煤电总装机容量的 2.4%和 5.5%。而美国、德国煤电机组平均服役时间达 35、30 年，2030 年前 80%、67%的机组已达运行寿命自然退役。**提前退役资产损失大**，如果煤电装机容量峰值达到 13 亿千瓦，预计在 2050 年前，强制提前退役导致的资产搁浅损失累计达 1.7 万亿元。

3.1.2 煤电控制与减量发展的基础条件

实现煤电尽早达峰、尽快下降是 2030 年前碳达峰的关键。目前，我国油气消费量还在上升，在航空航天、化工制造等领域，短时间内缺乏有效替代方案，预计油、气消费分别到 2030、2035 年左右才能实现达峰。与工业、交通、建筑等终端能源消费领域减排相比，以清洁能源发电替代煤电技术成熟，经济性好，易于实施，是目前最高效、最经济的碳减排措施。

煤电退出电量缺口可由清洁能源补充。预计到 2025、2030 年我国将新增用电需求 2 万亿、3.5 万亿千瓦时。如果在 2025 年前不再新增煤电，并在 2030 年前逐步退出 0.5 亿千瓦煤电装机容量，新增需求和煤电退出缺口全部由清洁能源满足，相应的清洁能源发电量年均增速约 8.5%，低于 2015 年来 10%的增速。

多措并举能够保障煤电退出，保障清洁能源为主导的电力系统安全稳定运行。供应环节，积极实施煤电机组灵活性改造[1]，为大规模开发利用清洁能源提供支撑；加快储能电站建设，采用风光储输联合运行模式，平滑新能源出力波动。**需求环节**，实施负荷响应策略，将电力需求转移到可再生能源丰富时段，降低峰值负荷、平缓净负荷曲线。**配置环节**，通过大电网互联，可利用不同品种清洁能

[1] 灵活性改造：提升燃煤电厂的运行灵活性，包括增强机组调峰能力、提升机组爬坡速度、缩短机组启停时间、实现热电解耦运行等方面。

源资源的时空互补特性[1]，实现水风光整体出力更加平稳。2025、2030 年年末，如果煤电装机容量分别控制在 11 亿、10.5 亿千瓦以内，清洁能源装机容量占比可达 58%、68%。通过增加 3800 万、4500 万千瓦抽水蓄能，4000 万、9000 万千瓦电化学储能，发展 6000 万、3000 万千瓦燃气发电作为调峰电源，并综合采用需求侧响应、电网互联等措施，能够保障系统安全稳定运行。

专栏 2　青海省实现高比例清洁能源供电

青海通过水风光互补，与周边省份互济，综合采用大电网调度控制、智能用电等技术，实现高比例清洁替代，清洁能源装机容量占比达 86.7%。煤电装机容量连续 5 年零增长，占比降至 12.5%；利用小时持续下降，2018 年仅 3300 小时，比 2015 年下降 46%，2020 年实现连续 31 日 100%由清洁能源供电。

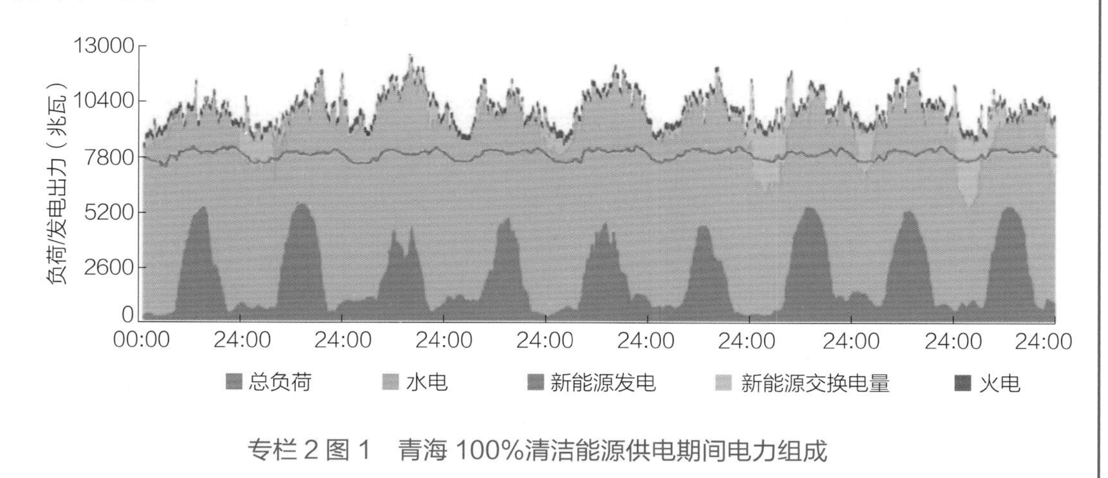

专栏 2 图 1　青海 100%清洁能源供电期间电力组成

3.1.3　煤电控制与转型的思路举措

我国煤电加快转型、退出迫在眉睫，越晚越被动。如当前煤电继续增加 2 亿

[1] 我国清洁能源资源存在品种间、地域间互补特性，时间差和季节差明显。如陕西、四川风电最大出力时间为 1 月，宁夏、甘肃、新疆分别为 4、7 月和 12 月；新疆、甘肃、青海、西藏等地区光伏基地日内峰值有 2 小时以上的差异。

千瓦，峰值达到 13 亿千瓦，则煤电碳排放还将增长 10 亿吨，即使花很大代价严控其他化石能源，2030 年前碳达峰目标也无法实现，并且将来资产损失巨大，必须下定决心，加快煤电达峰并尽快下降。

关键是坚持市场引导与政府调控并重，控制总量、转变定位、优化布局，严控东中部煤电新增规模并淘汰落后产能，开展煤电灵活性改造，将煤电从基荷电源向调节电源转变，发挥碳减排主体作用，为清洁能源发展腾出空间。

（1）严控煤电总量。坚决停建东中部已核准未开工项目，合理安排在建的 9000 万千瓦煤电机组建设进度。“十四五”期间，逐步淘汰关停煤电 4000 万千瓦，完成装机容量 2400 万千瓦，新建特高压工程送端配套装机容量 3100 万千瓦，全国净增煤电装机容量 1500 万千瓦。对“十四五”后各地区煤电退出方案进行系统规划，明确中长期退煤时间表与路线图，加快煤电退出进程。实现煤电装机容量 2025 年左右达峰，峰值控制在 11 亿千瓦以内，2030 年降至 10.5 亿千瓦左右。

（2）转变煤电定位。在加快落后产能退役的同时，着力优化调整煤电功能定位，对煤电机组进行灵活性改造，挖掘其调峰价值，逐步推动煤电功能定位由基荷电源转变为调节电源，为清洁能源电源提供支撑。完善电力市场辅助服务补偿与交易机制，引导煤电充分发挥容量效应和灵活性优势。近中期，大容量、高参数、低能耗的超临界、超超临界机组仍主要提供系统基荷，对部分 60 万千瓦及以下机组进行灵活性改造，主要提供系统调峰；远期，绝大部分煤电转变为调节电源与应急备用电源。

（3）优化煤电布局。严控东中部煤电装机规模，不再新建煤电，新增电力需求主要由区外受电和本地清洁能源满足。2025、2030 年前分别退役煤电装机容量 3500 万、5000 万千瓦。有序推进西部、北部煤电基地集约高效开发，配合清洁能源大规模开发与外送，发挥特高压电网大范围配置资源作用，与风电、太阳能发电、水电打捆输送至东中部负荷中心，促进清洁能源大规模开发与外送。到

2025、2030 年，东中部煤电装机容量占全国比例从 2015 年的 65%下降至 52%、50%以下。

表 3.1 2020—2030 年煤电装机规模及分布 单位：万千瓦

地区	2020 年	2025 年	2030 年
全国	107992	110138	105001
华北地区	30500	32541	31055
华东地区	22046	21085	18725
华中地区	13379	12848	12153
东北地区	9645	9382	9196
西北地区	16274	18373	18346
西南地区	2833	3045	3029
南方地区	13315	12864	12497

3.2 科学有序发展气电

天然气发电现状。截至 2019 年年底，我国气电装机容量 9024 万千瓦、年发电量 2362 亿千瓦时、碳排放约 4600 万吨，分别占全国总装机容量、总发电量、能源活动总排放的 5%、3%、0.5%。相比煤电，气电碳排放和污染物排放水平较低，低碳程度较高。每吨标准煤当量天然气燃烧排放约 1.6 吨二氧化碳，约为煤炭的 60%[1]；排放的二氧化硫、氮氧化物分别为煤电的 35%、50%。同时，气电运行稳定灵活，对电力系统动态调整需求的响应更加快速，单循环燃气轮机机组调峰能力可以达 100%，联合循环机组调峰能力可达到 70%～100%。随着波动性强的风光发电并网比例不断增加，建设一定比例的气电有利于提高电网灵活性，提高电力系统的运行稳定性。

[1] 根据联合国政府间气候变化专门委员会研究，化石能源发电全寿命周期度电二氧化碳排放为：天然气 490 克，煤电 820 克。

我国大规模发展气电面临挑战。天然气资源不足。我国天然气剩余探明储量为 5.4 万亿立方米，仅占世界天然气总储量的 2%，按照目前开采强度仅可再开采 29 年，且资源日趋劣质化，新增探明天然气储量中，低品位资源占比达 70% 以上；常规资源中，深层、深水、低渗等低品位资源约占 80%。**对外依存度高。**随着国内消费持续增长，我国天然气对外依存度逐年升高，2019 年已超过 43%。大规模发展气电，气源难以保障，势必导致进口量加大，影响国家能源安全。2017 年冬，由于中亚产气国家违约减供、我国储备不足等原因，十余个省份出现严重“气荒”，导致大面积电厂停产、工厂停工、居民停暖，损失巨大。**气电经济性差。**燃气发电用气量巨大，用气时段通常集中在制冷与供热高峰，燃料成本占总成本的比例高达 60%～70%，价格较高，影响气电经济性。我国进口液化天然气成本是美国发电用天然气价格的 2.5 倍，燃气发电度电燃料成本约为 0.55 元，上网电价约 0.75 元/千瓦时，远高于新能源和煤电。同时，现有气电中 70%以上是热电联产[1]，以热定电，使机组不能有效参与系统调节，增加电网调峰压力。

表 3.2　气电与煤电污染物排放比较

指标	单位	气电	煤电
全寿命周期二氧化碳排放	克/千瓦时	490	820
二氧化硫排放限值	毫克/立方米	35	100
氮氧化物排放限值		50	100
烟尘排放限值		5	30

未来我国应科学有序发展气电，立足国情和资源禀赋，重点在部分调节资源不足地区适度发展燃气发电作为调峰电源，利用燃气机组启停快、运行灵活等优势，平抑清洁能源与负荷波动。预计“十四五”“十五五”分别新增装机容量 5400 万、3300 万千瓦，主要分布在气源有保证、电价承受力较高的东中部地区，到 2025、2030 年，气电装机容量分别达到 1.5 亿、1.85 亿千瓦。

[1] 热电联产：指发电厂既生产电能，又利用汽轮机做功的蒸汽对用户供热的生产方式。

3.3 加快清洁能源开发

3.3.1 清洁能源发展基础

水、风、光等清洁能源分布广泛。实现碳达峰，必须加快开发清洁能源，以清洁和绿色方式满足经济社会发展能源需求。习近平总书记指出**“发展清洁能源，是改善能源结构、保障能源安全、推进生态文明建设的重要任务”**。当前，清洁能源已具备加速成为主体能源的条件。

资源丰富。我国水能、陆上风能、太阳能资源技术可开发量分别超过6亿、56亿、1172亿千瓦，截至目前开发率分别为50%、4%、0.2%。充分开发水、风、光资源，完全能够满足我国经济社会发展的能源需求。

技术不断突破。太阳能发电、风电技术不断更新换代，发电效率快速提升。单晶硅和多晶硅发电转换效率已超过20%；陆上、海上风电单机容量达到6、12兆瓦；水电单机容量已达百万千瓦级。

经济性持续提升。风电、光伏发电成本持续快速降低，2018年比2012年分别下降25%、50%。青海光伏“领跑者”项目最低中标价格已低至0.31元/千瓦时。2019年5月，我国公布首批风电、光伏平价上网项目2076万千瓦。2021年开始，新核准陆上风电项目全面实现平价上网。

产业体系国际领先。我国光伏、风电、电动汽车等产业全球领先，产能世界第一。多晶硅、硅片、电池片、组件、逆变器产能分别占全球产能56%、87%、68%、71%、55%，2018年，光伏、风电产品出口额达1150亿、36亿元，同比增长23%、43%，五家风电整机制造商跻身全球前十。

3.3.2 大力开发西部、北部清洁能源基地

我国清洁能源资源丰富，但分布很不均衡。西南地区云、贵、川、渝、藏 5 省（自治区、直辖市）水能资源占全国资源总量的 67%，西部、北部地区风能和太阳能资源占比超过 80%，年平均风功率密度超过 200 瓦/平方米，太阳能年平均辐照强度超过 1800 千瓦时/平方米，分别是东中部地区的 4、1.5 倍。这些地区资源条件好、地广人稀、开发成本低，适宜集中式、规模化开发，是保障我国清洁能源供应的重要基础。我国 70%左右电力消费集中在东中部地区，与能源资源呈逆向分布。要按照“建设大基地、融入大电网、建立大市场”的方向，加快建设西部、北部大型清洁能源发电基地，实施风光水火打捆外送，扩大“西电东送、北电南供”规模，以全国电—碳市场为支撑实现清洁能源资源集约高效开发利用。

1. 加快西部、北部集中式太阳能发电基地建设

2020 年，我国太阳能发电装机容量 2.4 亿千瓦，西部、北部地区装机容量占比 56.7%，分布式光伏占比 30.7%。“十四五”“十五五”期间，坚持集中式和分布式开发并举，坚持电源布局与市场需求相协调，继续扩大太阳能发电规模，不断提高太阳能发电在电源结构中的比重。重点建设新疆、青海、内蒙古、西藏等太阳能资源丰富地区的光伏发电基地。

力争到 2025、2030 年，我国太阳能发电总装机容量分别达到 5.59 亿、10.25 亿千瓦，年发电量分别达到 0.7 万亿、1.4 万亿千瓦时，相当于替代 2.2 亿、4.5 亿吨标准煤，占当年一次能源消费总量的 4%、7%；在太阳能、水资源条件具备，且地形平坦地区适度发展光热发电，预计 2030 装机规模达到 2500 万千瓦。

图 3.4　我国主要大型太阳能发电基地

表 3.3　大型太阳能发电基地装机规模　　单位：万千瓦

地区	2025 年	2030 年
新疆昌吉	300	500
新疆哈密	1200	1700
新疆吐鲁番	0	300
新疆阿克苏	0	600
新疆和田	0	500
新疆且末	0	800
新疆若羌	0	500
青海海南州	1600	2300
青海德令哈	0	1200
内蒙古阿拉善盟额济纳旗	1200	3500
内蒙古阿拉善盟阿拉善右旗	1000	3900
内蒙古巴彦淖尔	300	1000

续表

地区	2025 年	2030 年
西藏昌都	0	1000
西藏拉萨	0	200
合计	5600	18000

2. 加快大型风电基地建设

2020 年，我国风电装机容量达到 2.5 亿千瓦。风电在电源结构中的比重逐年提高，已成为我国继煤电、水电之后的第三大电源。“十四五”“十五五”期间，风电开发坚持消纳优先，就地利用，大力发展陆上风电，稳步有序开发海上风电。

陆上风电。加快建设酒泉、内蒙古西部、内蒙古东部、冀北、吉林、黑龙江、山东、哈密、江苏等 9 个千万千瓦级大型风电基地和若干百万千瓦级风电基地。

图 3.5　我国九大千万千瓦级风电基地分布示意图

表 3.4 大型陆上风电基地装机规模 单位：万千瓦

地区	2025 年	2030 年
新疆阿勒泰	0	800
新疆塔城	0	800
新疆昌吉	520	1500
新疆博州	0	200
新疆哈密	2110	3000
新疆吐鲁番	0	1000
新疆若羌	0	800
甘肃嘉酒	750	1500
内蒙古阿拉善	600	1500
内蒙古巴彦淖尔	500	1200
内蒙古鄂尔多斯	300	750
内蒙古乌兰察布	400	1000
内蒙古锡林郭勒	300	600
内蒙古呼伦贝尔	400	1000
内蒙古通辽	400	1000
内蒙古赤峰	400	1000
吉林白城	100	200
吉林松原	80	200
吉林四平	50	80
吉林长春	80	160
河北坝上	1000	1500
合计	7990	19790

海上风电。稳步有序在广东、江苏、福建、浙江、山东、辽宁和广西沿海等地区开发 7 个大型海上风电基地。2025、2030 年海上风电总装机规模分别达到 3040 万、5540 万千瓦。

表 3.5　大型海上风电基地装机规模　　单位：万千瓦

地区	2025 年	2030 年
广东沿海基地	800	2200
江苏沿海基地	1000	1300
福建沿海基地	200	260
浙江沿海基地	200	450
山东沿海基地	500	750
辽宁沿海基地	140	230
广西沿海基地	200	350
合计	3040	5540

力争到 2025、2030 年，我国风电总装机容量分别达到 5.4 亿、8 亿千瓦，年发电量分别达到 1.1 万亿、1.6 万亿千瓦时，相当于替代 3.3 亿、5.3 亿吨标准煤的化石能源，占当年一次能源消费总量的 6%、9%。

3. 积极推进大型水电基地建设

随着乌东德等水电站陆续投产，2020 年我国水电装机规模达到 3.4 亿千瓦。我国尚未开发的水力资源集中分布在西南地区，适宜规模化开发。“十四五”“十五五”期间重点加快开发金沙江、雅砻江、大渡河、澜沧江和怒江等大型水电基地。

力争到 2025、2030 年，我国常规水电装机容量分别达 3.9 亿、4.4 亿千瓦，年发电量分别达 1.5 万亿、1.7 万亿千瓦时，相当于替代 4.5 亿、5.3 亿吨标准煤的化石能源，占当年一次能源消费总量的 8%、8.6%。

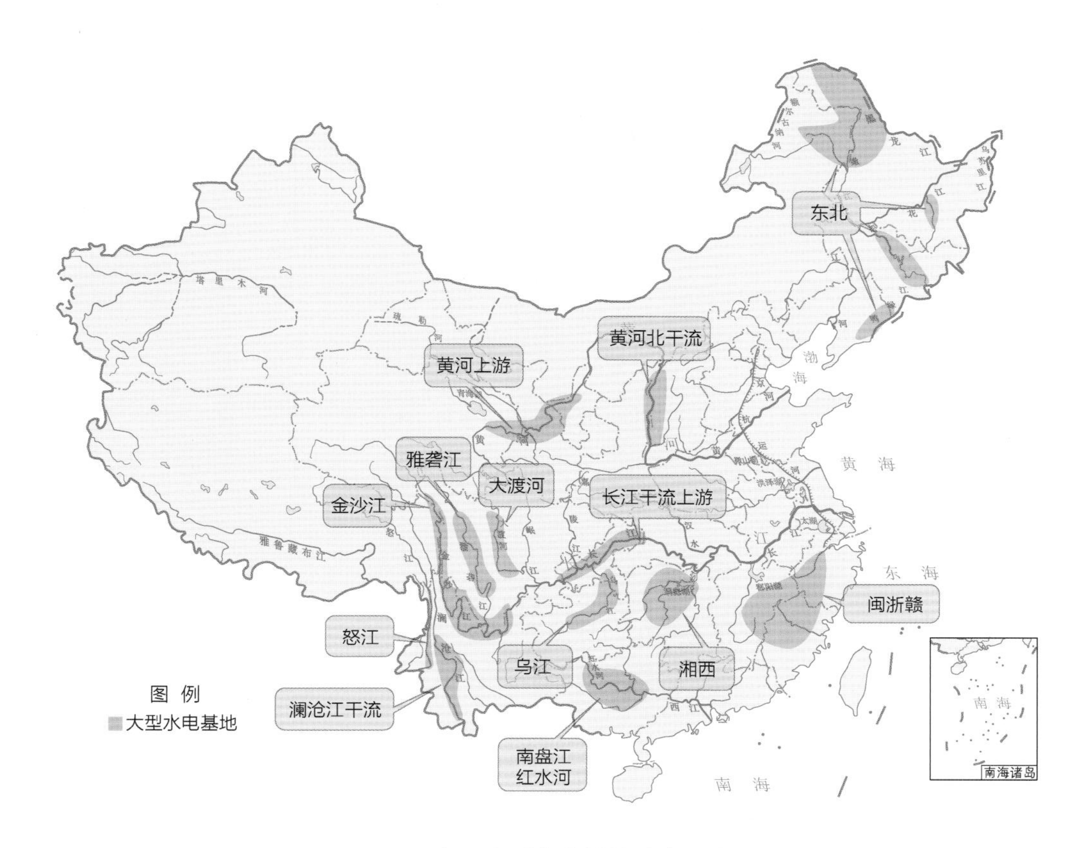

图 3.6　我国大型水电基地分布示意图

表 3.6　西南地区水电基地装机规模　　单位：万千瓦

流域	2025 年	2030 年
金沙江	6315	7200
雅砻江	1921	2600
大渡河	2209	2400
澜沧江	2362	3100
怒江	338	1800
合计	13145	17100

3.3.3　因地制宜发展分布式能源

根据需求加强分布式能源开发利用。在经济较发达的长三角、珠三角、山东和河北等地区推广屋顶光伏系统及分散式风电系统。针对基础设施落后的偏远农村地区，推动“农光互补”“林光互补”等新能源扶贫项目，为能源供应“最后一公里”和贫困地区发展提供综合解决方案。预计到 2030 年，分散式风电和分布式光伏发电装机容量分别达到 1 亿千瓦和 7 亿千瓦。

积极推动分布式电源并网消纳。推广应用新能源发电功率预测与调度系统，以大数据分析与能源管理服务为支撑，建立分布式电源并网等相关标准，促进分布式电源消纳。推动用户侧多能互补、综合利用，构建工商业园区及居民社区分布式智慧能源系统，促进电力、燃气、生物质、热力、储能及电动汽车等系统协调互补运行。

集中式与分布式并举开发清洁能源，依托大电网实现大范围配置和消纳，2030 年较 2019 年清洁能源年发电量增加 3.4 万亿千瓦时，相当于替代约 11 亿吨标准煤的化石能源，到 2025 年和 2030 年，发电量占比分别达到 42%和 53%，清洁能源占一次能源比重分别达到 23%和 31%。

3.3.4 积极发展生物质燃料

现代生物质燃料包括通过先进转换技术生产的固体、液体、气体等高品位燃料，清洁低碳、用途广泛，是加速碳减排的重要方面。2018 年，全球生物质产量达到 18.9 亿吨标准煤，占总能源生产量的 9.2%，其中居民生活、发电供热、工业生产、交通运输、商业服务、农业林业领域用生物质能分别达 9.6 亿、3.0 亿、2.9 亿、1.3 亿、0.4 亿、0.2 亿吨标准煤。在应用潜力较大的交通领域，目前全球已有超过 15 万次航班全部或部分采用生物质燃料，斯德哥尔摩阿兰达机场等 5 个大型机场[1]配备了生物质燃料配给系统。

---

[1] 斯德哥尔摩阿兰达机场、奥斯特松德机场、马尔默机场、哥德堡兰德维特机场和于默机场。

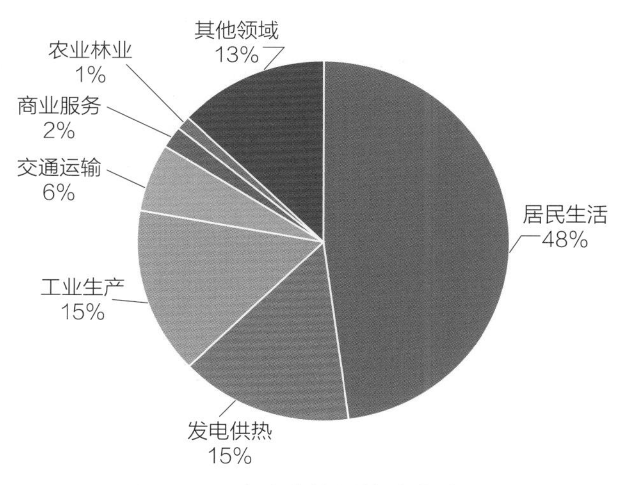

图 3.7 全球生物质能消费结构

我国生物质能资源丰富。适合于能源利用的生物质主要包括林业资源、农业资源、生活污水和工业有机废水、城市固体废物、畜禽粪便五大类。目前，我国年产各类有机废弃物保守估计有 45 亿～50 亿吨，其中，农业废弃物 9.8 亿吨、林业废弃物 1.6 亿吨、有机生活垃圾 1.5 亿吨、畜禽粪污 19 亿吨、污水污泥 4000 万吨、工业有机废渣废液 8 亿吨，每年可作为能源利用的生物质资源总量约 4.6 亿吨标准煤[1]。未来随着造林及作物面积扩大和收集效率提升，生物质能转化潜力可达 11 亿吨标准煤[2]。

根据国家能源局《生物质能发展“十三五”规划》，到 2020 年，我国生物质燃料基本实现商业化和规模化利用，年利用量约 5800 万吨标准煤。其中，生物质发电总装机容量达 1500 万千瓦，年发电量 900 亿千瓦时；生物天然气年利用量 80 亿立方米，生物液体燃料年利用量 600 万吨，生物质成型燃料年利用量 3000 万吨。

[1] 数据来源：中国产业发展促进会生物质能产业分会，《中国生物质发电产业发展报告》。

[2] 数据来源：中国可再生能源学会，《可再生能源与低碳社会》。

专栏 3

燃煤电厂生物质改造

欧洲正掀起燃煤电厂改造为生物质电厂的潮流，中欧和东欧多采用生物质—煤炭共燃方案，西欧多采用生物质发电技术路线。英国、丹麦、芬兰和波兰的生物质改造燃煤机组发电量占总发电量比例最大，分别达到 13%、8%、6%和 5%。

英国 Drax 电厂走在世界燃煤电厂生物质改造的前沿，2013 年开始逐步将其 6 台 66 万千瓦机组中的 4 台转为生物质机组，并配备相应的生物质给料系统。同年，英国煤电发电量达峰，占比由 40%逐年下降至目前的 3%，生物质发电量占比提升至 13%，目前 Drax 电厂年生物质发电量达 137 亿千瓦时，年使用木质颗粒燃料约 1300 万立方米。

我国应立足国情和资源禀赋，科学发展生物质燃料。建立系统合理的收集利用体系，按照能源、农业、环保“三位一体”格局，走规模化、产业化、集约化发展道路，积极发展生物质发电与热电联产，以及气化、液体等现代生物质燃料。**科学规划生物质燃料应用**，优先应用于经济性有优势或其他减排困难领域，如航空、航海及化工等领域。**加强生物质资源生产与收集**，建立生物质资源收集、储存、运输管理政策和机制，理顺生物质资源及其产品价格形成机制，保护和调动农民生产积极性。**加强生物质燃料开发利用技术研究**，建立国家级生物质燃料技术开发应用中心和实验研究中心，重点加强生物质能源化利用技术攻关，加快成套设备国产化，提高生物质燃料经济性。**加大生物燃料示范与推广力度**，推动生物质成型燃料在居民采暖中的应用，稳步发展生物质、垃圾焚烧发电，推广生物柴油在长途货运中的应用。

预计到 2025、2030 年，我国生物质燃料消费总量分别达到 1.6 亿、2 亿吨标准煤，其中用于发电的装机容量分别达 3000 万、4000 万千瓦。

3.4　安全有序发展核电

核电是高效稳定的清洁电源。与化石能源发电相比，核电生产不排放二氧化硫、氮氧化物等大气污染物和二氧化碳等温室气体。与风电、光伏发电相比，核电单机容量大、运行稳定、利用小时数高，可以实现大功率稳定发电，更适合作为基荷电源，2019 年，我国核电平均利用小时数高达 7346 小时，核电设备平均利用率为 84%。核电具备一定的调峰能力，近年来美国、德国、法国等国的核电机组已适度参与日调峰。未来随着高比例可再生能源接入电力系统，核电机组可为促进清洁能源消纳、保障电力系统安全稳定运行发挥作用。

多因素制约核电发展。核电成本较高。三代核电技术由于安全投入大、装备研发成本高，较二代核电技术成本显著上升。我国三代核电造价达 1.5 万～1.8 万元/千瓦，上网电价高于新能源发电。核电乏燃料处理体系仍不完善。我国乏燃料一般储存在核电站废料池中，储存能力接近饱和，乏燃料运输和离堆储存能力有限。公众对安全性的担忧持续存在，影响了核电站乏燃料处理项目的建设。

总体看，核电作为稳定的清洁能源，是替代化石能源、构建低碳能源体系的有益补充，受到经济性、社会环境等因素制约难以大规模发展。我国已是核电在建规模最大的国家，2018 年年底，我国核电装机容量居世界第三，在建机组 11 台，占全球在建装机规模的 22%。未来，我国应安全适度发展核电，要在加快技术创新、确保安全的同时，着力提升核电经济性，到 2025、2030 年，我国核电装机容量分别达到 7210 万、1.08 亿千瓦。

表 3.7　2020—2030 年核电装机规模及分布　　单位：万千瓦

分地区	2020 年	2025 年	2030 年
华北地区	270	705	1205
华东地区	2446	3414	4131

续表

分地区	2020 年	2025 年	2030 年
华中地区	0	0	0
东北地区	448	664	1164
西北地区	0	0	0
西南地区	0	0	0
南方地区	1825	2427	4274
全国	4989	7210	10774

专栏 4　全球进入核电发展低潮期

截至 2019 年年底，全球共有 30 个国家拥有 441 座核电站，装机容量 3.97 亿千瓦。20 世纪 70 年代石油危机期间，核电进入建设高潮，直至 20 世纪 90 年代，共投产 401 台机组、装机容量 3.26 亿千瓦。受 1986 年切尔诺贝利核事故影响，核电发展放缓，1991—2010 年，净投产机组 25 台、0.57 亿千瓦，同比分别下降 92.5%、81%；2011 年福岛核事故后，共净投产机组 9 台。全球核电发电量在 2006 年达到峰值 2.8 万亿千瓦时，2018 年为 2.7 万亿千瓦时；核电占总发电量的比重于 1996 年达到峰值 17.5%，2018 年下降为 10.2%。

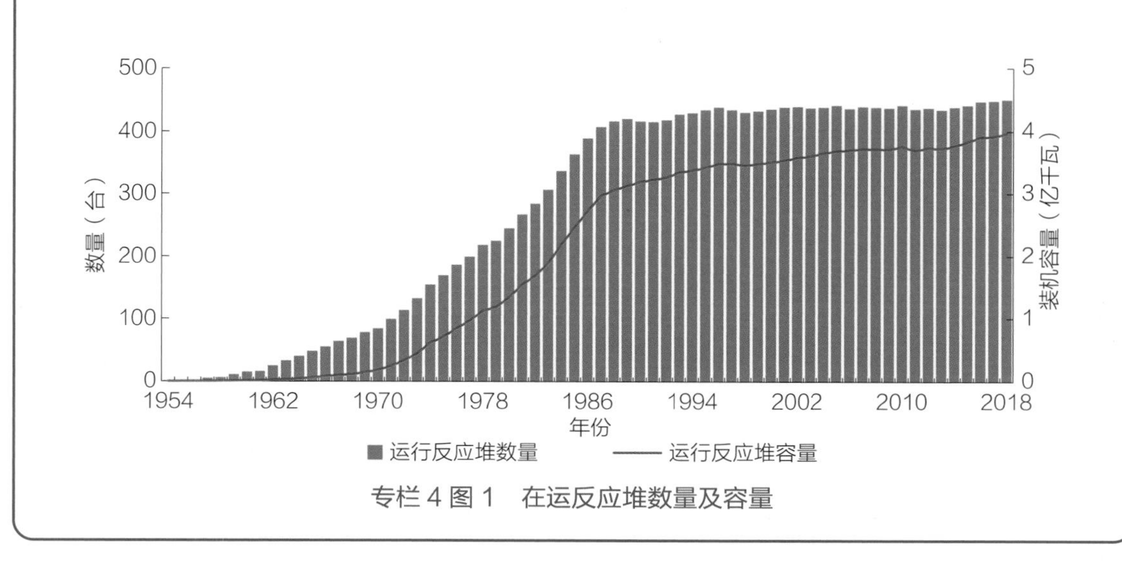

专栏 4 图 1　在运反应堆数量及容量

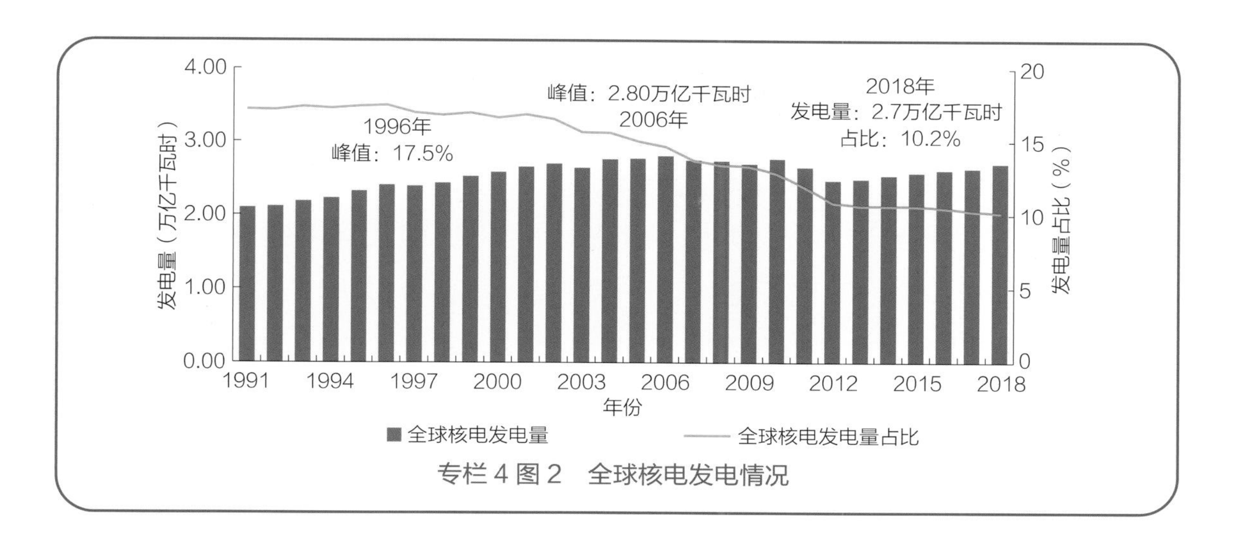

专栏 4 图 2 全球核电发电情况

3.5 积极发展电制燃料

3.5.1 发展现状与基础

电制燃料能够在无法直接电能替代的领域[1]广泛应用，实现间接深度电能替代，是碳减排的重要举措。利用清洁电将化石燃料燃烧后产生的二氧化碳重新生成有机物，与原有化石能源利用体系共同构成零碳排放的循环系统。

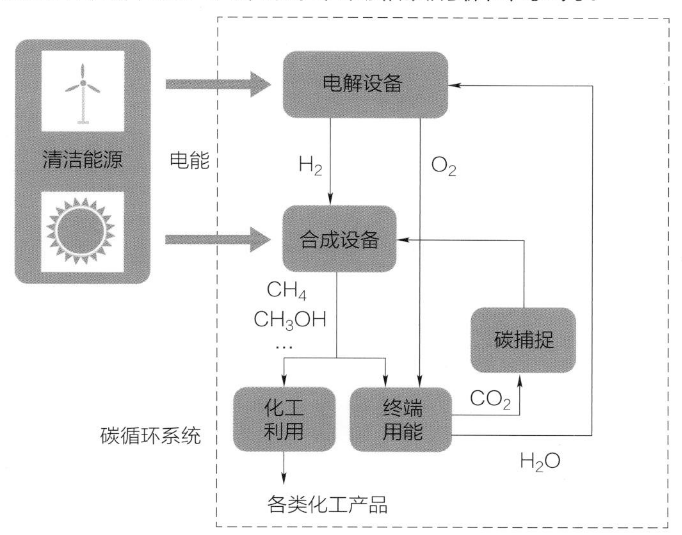

图 3.8 零碳排放循环系统示意图（以电制氢为例）

[1] 如航空、航海、长途货运等需要高储量、高密度能源支撑的交通领域，以及冶金、化工等需要化石能源作为还原剂并提供高温过程热的工业领域等。

电制氢及氢能利用成为能源技术热点。目前氢能已列入美国、欧盟、日本、澳大利亚等国能源发展战略。德国发布了《国家氢能战略》，明确将可再生能源发电制氢作为国家战略，提出 2023 年前重点构建国内氢能市场，2030 年前重点推动构建欧洲和全球市场的两步走计划，预计到 2030 年德国氢能生产需求电量为 900 亿～1100 亿千瓦时。日本在营加氢站 152 座，氢燃料电池汽车 3500 辆，预计 2025 年氢燃料电池汽车成本下降至 13 万元，年产量达 20 万辆。我国《2020 年国民经济和社会发展计划》中明确将制定国家氢能产业发展战略规划。

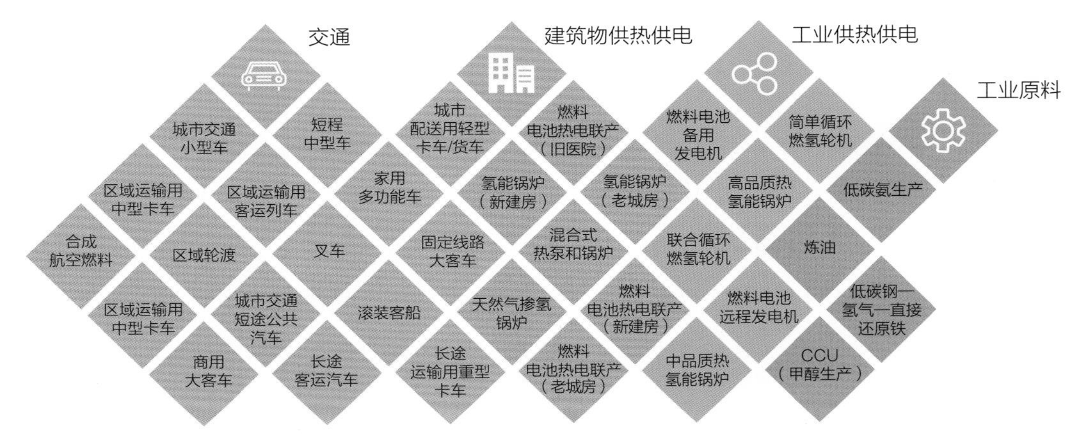

图 3.9　氢能应用领域

3.5.2　重点举措

现阶段，我国已经明确将氢能作为能源体系的重要组成部分，但电制氢与可再生能源开发布局尚未统筹规划，用氢领域也多聚焦于氢燃料电池汽车，应用场景严重不足；对于电制甲烷、甲醇等燃料还缺乏发展规划。

应着眼长远，积极推动电制燃料产业发展，将电制燃料发展与可再生能源开发相结合，打造上游以可再生能源为源头，下游电、氢多能互补的低碳用能格局。

（1）制定国家层面的电制燃料、电化工产业发展规划，与可再生能源开发和利用相结合，合理谋划发展路径；“十四五”期间推动电制燃料项目示范，创新可再生能源开发利用模式。

（2）加大基础科研投入，突破非贵金属催化剂等电制燃料核心材料和电制装置关键部件的技术瓶颈，促进产品国产化，降低设备成本。

（3）持续提升电制燃料的经济性，目前电制氢技术路线较多，尚未成熟，成本为 22～25 元/千克。

未来，在转化效率大幅提高、设备成本快速降低的前提下，如果电价降至 0.2 元/千瓦时，电制氢成本将降到 10～15 元/千克，低于天然气制氢，与考虑碳排放价格的煤制氢相当。需大力推动电制燃料技术进步，完善上下游产业链条，提升电制燃料经济性，尽快实现商业应用。

预计到 2030 年，电制燃料产业能够实现规模化发展，电解水制氢产量达到 400 万吨，电制甲烷产量达到 100 万立方米。

3.6 小结

（1）我国能源生产碳排放占能源活动碳排放的 47%，其中电力是主要的排放部门，煤电碳排放占比 40%左右，电力行业率先达峰是实现碳达峰的关键，根本出路是以清洁能源替代化石能源发电。

（2）实现煤电尽早达峰、快速下降是 2030 年前碳达峰的关键，应控制总量、调整结构、转变定位、优化布局，严控东中部煤电规模并逐步淘汰落后产能、开展煤电灵活性改造，推动煤电从基荷电源向调节电源转变。

（3）以中国能源互联网为基础平台，大力实施清洁替代，到 2030 年煤电发电量占比由 2019 年的 62%降至 42%；清洁能源装机容量、发电量年均增长 1.5 亿、3100 亿千瓦时，清洁能源占一次能源比重达 31%，满足能源电力需求增量和化石能源退出的存量缺口。我国电力生产碳排放率先于 2025 年达峰，峰值 45 亿吨，2030 年进一步下降至 41 亿吨。

4 以电能替代加快能源消费减碳

2019 年我国终端能源消费约 35 亿吨标准煤，化石能源仍占主导地位，总量达 24 亿吨标准煤，占比 68%。终端化石能源燃烧产生的二氧化碳排放占能源活动碳排放的 53%左右，其中钢铁、建材、化工、交通、建筑领域碳排放占比分别为 17%、8%、6%、9%、8%。实现能源消费减碳，必须加快以电代煤、以电代油、以电代气，大力提升工业、交通、建筑等领域的电气化水平，促进产业结构升级和能效提升，以清洁、高效、便捷的电能满足各领域用能需求。

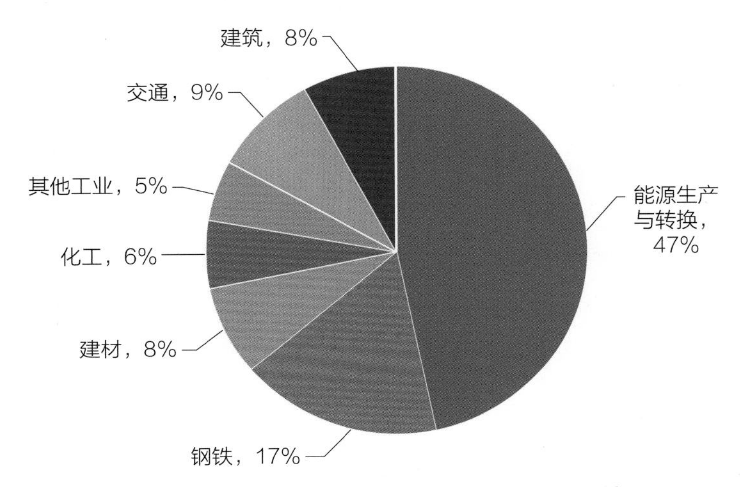

图 4.1　终端消费排放占能源活动碳排放比重情况

4.1　推动工业电气化与节能降耗

工业是我国第一大终端能源消费与碳排放领域。2017 年，工业领域能源消费量 21.6 亿吨标准煤，占终端总能源消费的 66%，工业能源活动二氧化碳排放约 34 亿吨，**占能源活动碳排放的 36%**。我国能源消费碳排放强度比世界平均水平高出 30%以上，粗放型的工业结构是主要原因之一。实现 2030 年前碳达峰，必须以技术创新促进高耗能、高排放领域能源结构调整、能效提升，实现能源资源的总量降低、再循环利用，从源头减少能源消费和碳排放；同时加快工业产业结构转型升级，构建科技含量高、资源消耗低、环境污染少的现代化工业体系，提高在全球产业分工中的地位。

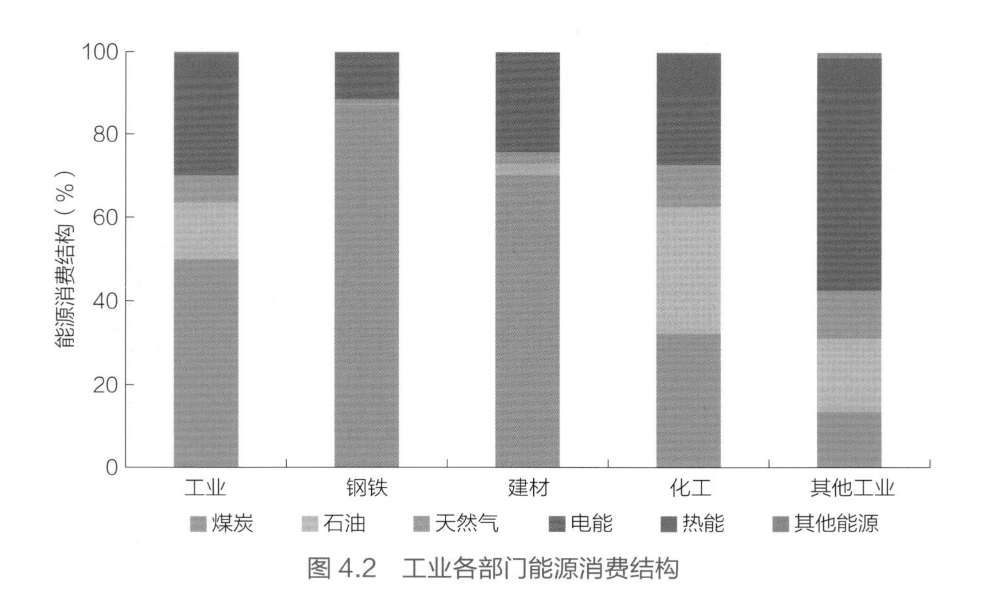

图 4.2 工业各部门能源消费结构

4.1.1 钢铁行业

4.1.1.1 发展现状与趋势

改革开放以来，我国钢铁行业快速发展，有力支撑了经济社会发展，同时也存在高能耗、高排放等问题。2017 年，我国粗钢产量 8.3 亿吨，占全球生产总量的 50%左右。碳排放 16.3 亿吨，占能源活动碳排放总量的 17%。

钢铁行业能耗居高不下。2017 年，能源消费 6.4 亿吨标准煤，占终端能源消费总量的 20%。其中煤炭消费 5.6 亿吨标准煤，占比达 87%；电力消费仅 6446 万吨标准煤，占比仅 10%，远低于国际平均水平的 21%。2018 年我国重点大中型钢铁企业吨钢综合能耗达 555 千克标准煤/吨，远高于德国 251 千克标准煤/吨、美国 276 千克标准煤/吨的水平。

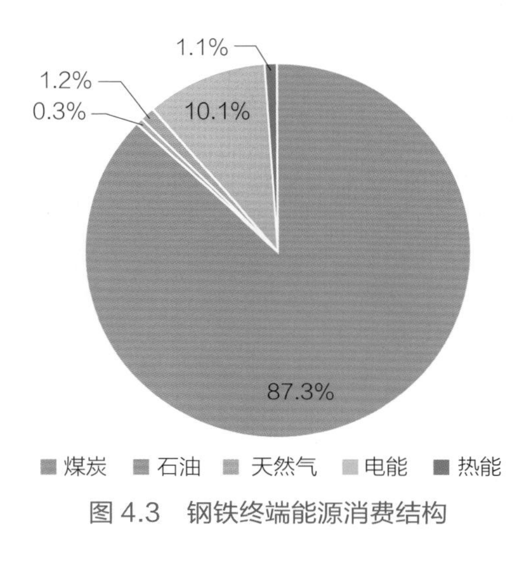

图 4.3 钢铁终端能源消费结构

钢铁行业是碳排放与污染物的重要来源。碳排放方面，2017 年，我国钢铁行业碳排放 16.3 亿吨，占能源活动碳排放的 17%，碳排放强度约 2 吨二氧化碳/吨钢，远高于国际先进水平。钢铁行业主要是在煤炭加热与煤炭用作氧化还原剂的过程中排放二氧化碳，占其总碳排放的 67%。**污染物方面，**2015 年，钢铁冶炼企业二氧化硫、氮氧化物、烟（粉）尘排放量分别为 136.8 万、55.1 万、72.4 万吨，占全国工业相应排放总量的 8.8%、4.7%、5.9%。

表 4.1 钢铁行业污染物与碳排放

指标	二氧化碳	二氧化硫	氮氧化物	烟（粉）尘
排放量	16.3 亿吨	136.8 万吨	55.1 万吨	72.4 万吨
占工业领域比重	48%	8.8%	4.7%	5.9%

未来 10 年，我国钢铁需求将总体保持稳定。从历史上看，我国 2019 年人均钢铁存量约 8 吨，人均产量约 711 千克，人均产量已达美、英等国峰值水平，人均存量仍有一定差距。从发达国家的历史经验看，人均产量达峰后将稳定较长时间，人均存量持续增长至 10～15 吨后，产量开始下降。**分领域看，**我国钢铁消费主要集中在房地产与基建、机械、汽车、能源领域，占比分别为 54.1%、16.1%、6%、4%。房地产用钢需求将逐渐下降，我国人口城市化率已经达到 60%。人均住房面积达 50 平方米，接近发达国家水平，房地产消费总量将会逐

步下降。传统基础设施建设用钢仍有一定潜力，我国西部公路网密度分别为 27 千米/百平方千米，低于美国 71 千米/百平方千米；我国铁路网密度 146 千米/万平方千米，低于美国、日本、德国的 248、531、948 千米/万平方千米水平。汽车行业用钢需求将长期稳定在高位，我国千人汽车保有量 180 辆左右，远低于发达国家 500～800 辆的水平。新基建、高端装备制造将拉动钢铁消费升级。预计未来 5 年内，我国钢铁需求将保持 3%～5%的增速，并在 2025 年进入高平台期，需求量达到 12 亿吨；到 2030 年，钢铁需求量进入下降拐点。

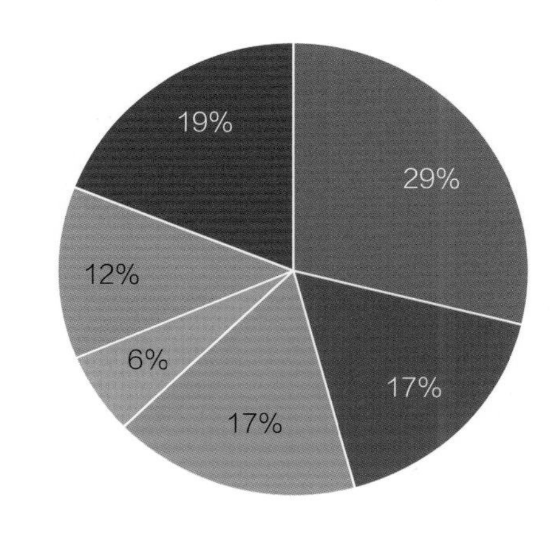

图 4.4　各行业钢铁用量比

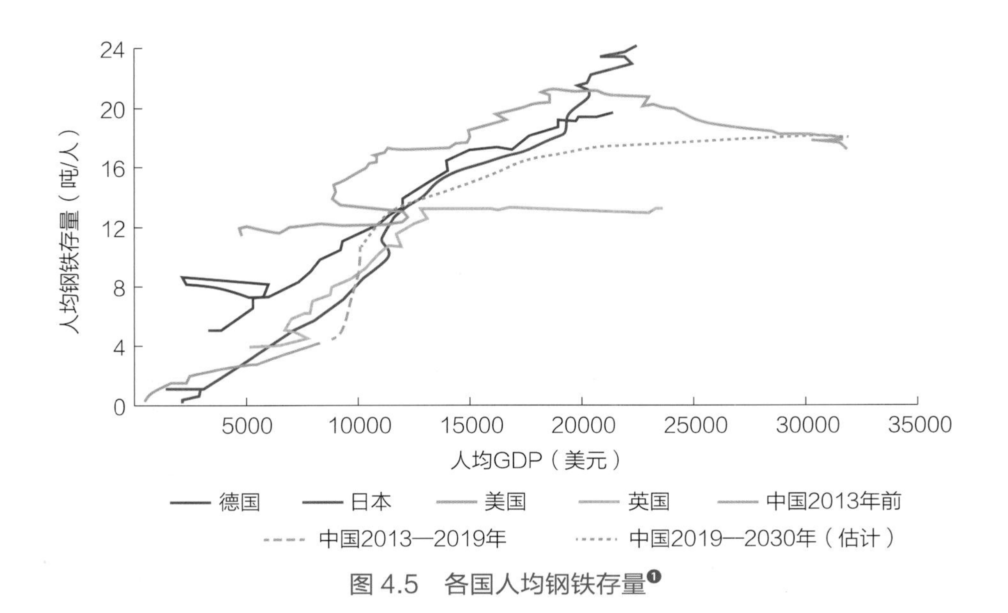

图 4.5　各国人均钢铁存量[1]

❶ 资料来源：能源转型委员会，《中国 2050：一个全面实现现代化国家的零碳图景》。

4.1.1.2 重点措施

针对我国钢铁行业的高能耗、高排放等问题，应加快发展电炉炼钢和氢能炼钢，大力推动产业升级，提升产业集聚度，形成低能耗、低排放的钢铁行业发展格局。

1. 大力发展电炉炼钢

电炉炼钢以废钢为主要原料、电力为主要能源，能耗仅为以铁矿石为原料、煤炭为主要能源的长流程炼钢的 1/9，二氧化硫、氮氧化物排放量分别为长流程炼钢的 2%、21%，节能减排优势显著。同时，通过废钢资源的循环利用，显著降低对进口铁矿石的过度依赖，提高资源自主保障能力。目前电炉炼钢在许多发达国家占比已超过一半，美国、欧盟电炉炼钢占比分别达到 62%、40%，而我国受发展阶段、经济性等因素影响，2018 年电炉炼钢占比仅 9.7%。应多措并举，大力发展电炉炼钢，推动钢铁领域电能替代。

专栏 5　全球主要炼钢工艺

目前世界主流炼钢工艺主要分为长流程炼钢和电炉炼钢两种。长流程炼钢工艺的原材料主要是铁矿石，高炉和转炉是关键设备。铁矿石经过烧结等前期处理环节后，与焦炭加入高炉后冶炼得到碳含量 4%以上的液态铁水，铁水经过氧气转炉吹炼，配以精炼炉去除部分碳后得到合格钢水，最终通过轧制工序成为钢材。长流程炼钢工艺是当前我国钢铁行业的主流工艺。

电炉炼钢的原材料主要是废钢，电弧炉是主要设备。废钢经简单加工破碎或剪切、打包后装入电弧炉中，利用石墨电极与废钢之间产生电弧所发生的热量来熔炼废钢，完成脱气、调成分、调温度、去夹杂等一系列工序后得到合格钢水，后续轧制工序与长流程基本相同。电炉炼钢工艺循环高效、经济环保，是我国钢铁行业未来的发展方向。

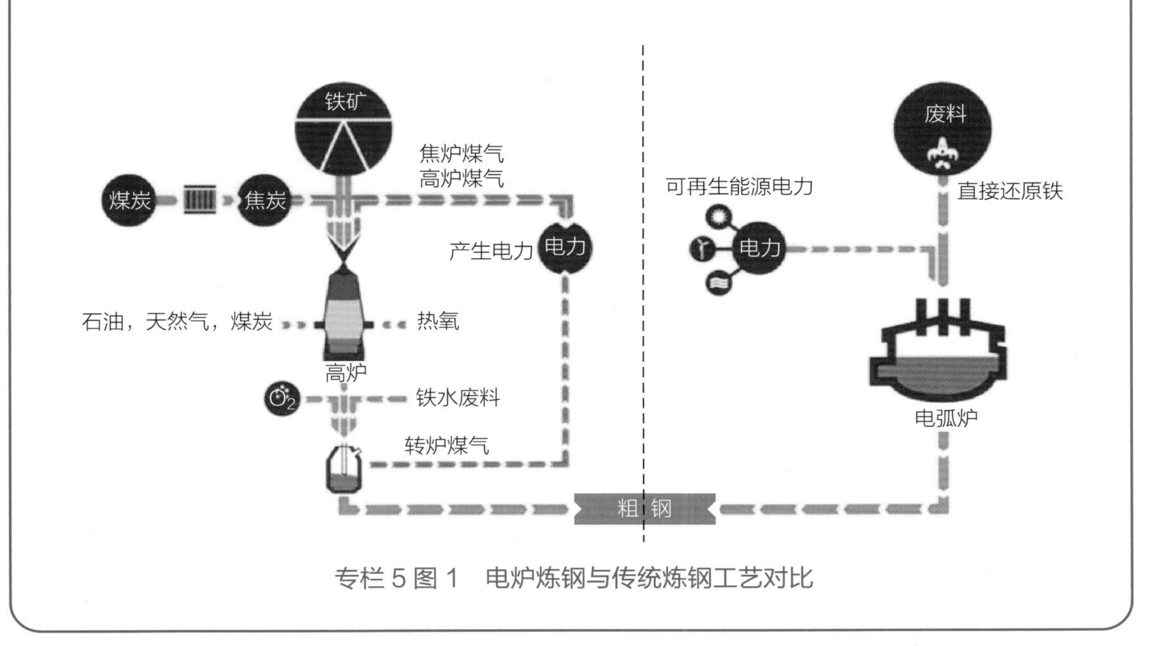

专栏 5 图 1　电炉炼钢与传统炼钢工艺对比

（1）**挖掘废钢资源潜力。**与发达国家相比，我国钢铁发展历程较短，钢铁蓄积量较少，且绝大部分使用年限较短，社会回收废钢资源缺乏。2018 年我国废钢回收总量 2.2 亿吨，仅相当于年钢产量的 20%，其中社会回收废钢、钢厂冶炼过程中自产废钢分别为 1.7 亿、0.45 亿吨，远低于发达国家水平。我国人均钢铁蓄积量已达到 7 吨，与美国 8.8 吨、日本 10.5 吨的水平差距较小。根据发达国家经验，随着钢铁产量高位稳定、蓄积量持续增加，社会回收废钢资源将快速增长。预计 2025 年和 2030 年我国废钢资源量将达 3.3 亿吨和 4 亿吨。应加快完善废钢资源回收、分类、质量控制、检测检验等国家和行业标准体系，优化废钢交易机制，推动废钢回收、拆解、加工、配送产业发展，促进产业链上下游深度合作，构建适应我国钢铁工业发展的废钢循环利用体系，充分挖掘国内废钢资源潜力。制定废钢出口限制政策，避免大量优质废钢资源低价流出。

（2）**提高废钢电炉冶炼比重。**与发达国家废钢主要采用电炉方式冶炼不同，我国大量废钢资源被“地条钢”企业和长流程炼钢企业占用，电炉炼钢用废钢占总废钢量比重仅 50%，远低于美国 90%的水平。应鼓励大型钢铁企业扩大电炉炼钢规模，发挥骨干企业带头作用，引导废钢资源合理流向；加强先进电炉炼钢装备及工艺的研发和推广，引导钢铁企业持续优化工艺技术与流程，推动电炉炼钢技术高效智能化发展。

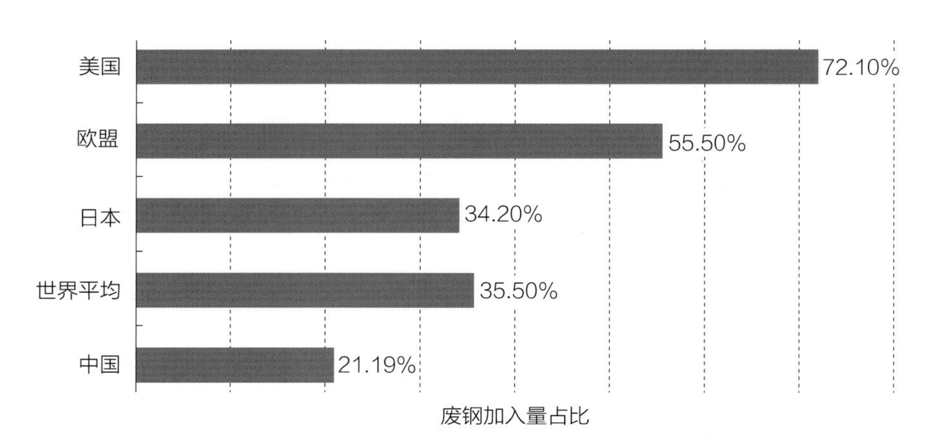

图 4.6　各国废钢加入量占金属料装入量的百分比

预计到 2030 年，我国钢铁积蓄量将达 130 亿吨，年废钢资源量超过 4 亿吨，且主要用于电炉炼钢，电炉炼钢年产量 4 亿吨，占钢铁产量的 35%。钢铁行业新增电能消费 5300 亿千瓦时，替代化石能源 1.6 亿吨标准煤。

2. 培育氢能炼钢产业

氢气作为还原剂与铁矿石反应，生成铁和水，原理、技术、工艺可行，且反应过程中没有二氧化碳排放，可实现钢铁生产完全脱碳。我国氢能炼钢探索总体起步不晚，与国外处于同一起跑线，一系列跨领域合作蓬勃发展。2019 年 1 月，中国宝武钢铁集团与中国核工业集团、清华大学签订《核能—制氢—冶金耦合技术战略合作框架协议》；2019 年 3 月，河钢集团与中国工程院战略咨询中心、中国钢研科技集团、东北大学联合组建氢能技术与产业创新中心。应着眼长远，加快氢能炼钢相关技术研发、产业培育，抢占未来钢铁产业技术制高点，尽早实现示范应用。

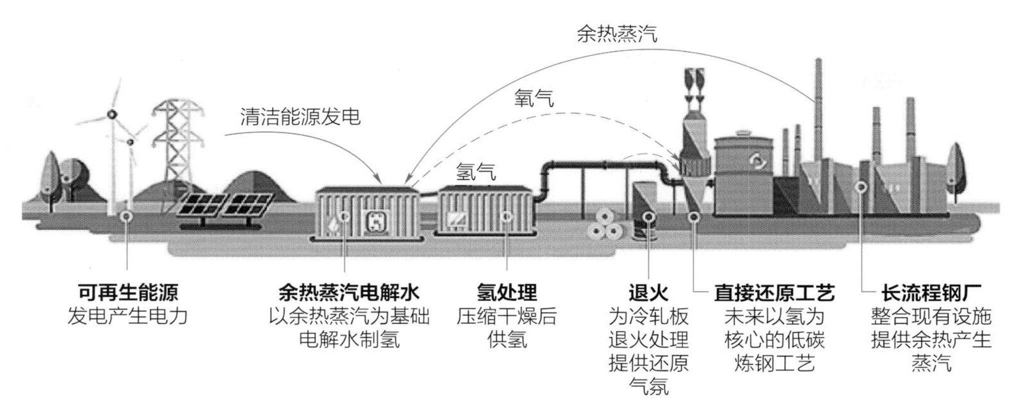

图 4.7 氢能炼钢产业链

提高氢能炼钢经济性。当前，在 0.3 元/千瓦时电价水平下，电制氢成本已低至 20～24 元/千克，氢能炼钢吨钢耗氢 71 千克，耗氢成本 1500 元，是传统高炉炼钢消耗煤炭价值的 2.5 倍，尚不具备竞争力。当清洁电能价格达 0.1 元/千瓦时，电制氢成本将降至 5～8 元/千克，氢能炼钢能源成本达到 500 元/吨钢，与传统高炉炼钢相当，考虑碳与污染物排放成本，氢能炼钢综合经济性优势更加明显。应推进清洁能源发电、电解水制氢与氢能炼钢协同发展，完善氢能制备及运储机制，促进氢能成本下降与制氢效率提升，逐步提高氢能炼钢经济竞争力。建立绿氢补贴等配套政策机制，推动氢能炼钢与氢能产业链协同发展。

预计到 2030 年，我国氢能炼钢技术将在示范项目中取得应用，钢铁年产量 800 万吨，消耗氢能 60 万吨，替代化石能源消费 600 万吨标准煤。

专栏 6 氢能炼钢是钢铁行业的发展趋势

近年来，瑞典、德国、奥地利等国的钢铁企业相继启动了一些氢能炼钢示范项目，积累了一定的经验。**瑞典钢铁公司** 2016 年成立 HYBRIT 项目，预计 2025 年可实现示范运行，2035 年实现氢气气基还原工艺商业运行。根据现有研究成果，按照 2017 年欧洲电力、碳排放交易价格，该项目成本是传统高炉炼钢的 1.2～1.3 倍。**德国蒂森克虏伯钢厂** 2019 年 10 月首次将氢气作为还原剂注入高炉炼铁，实现了氢气高炉炼铁技术的首次尝试。预计 2022 年，该工艺将逐步扩大到其余三个高炉，减少 20%左右的碳排放。

3. 优化钢铁产业结构

特种钢是技术密集型产业，能耗与排放等远低于普通钢铁，2019 年我国特种钢单位产值能耗 2.4 吨标准煤/万元，碳排放 7.6 吨二氧化碳/万元，污染物排放 2000 千克/万元。特种钢是国防军工、航空航天、高铁、汽车、船舶、能源等高端装备必不可少的原材料，是这些领域高质量发展的关键支柱。日本、德国特种钢消费分别达 2000 万、1100 万吨/年，分别占总钢铁消费的 20%、40%，有力支撑了这些国家全球领先的汽车、机床、航空航天、国防军工等产业的发展。

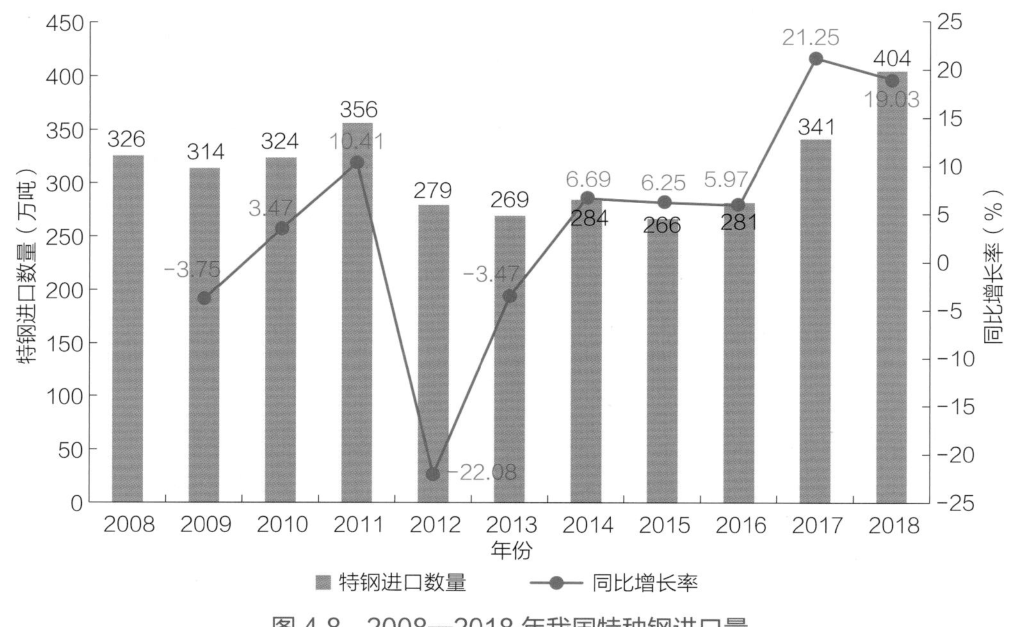

图 4.8　2008—2018 年我国特种钢进口量

我国特种钢产量占总钢铁产量比重仅 10%，远低于发达国家水平，且存在合金化程度低、高附加值产品比重低等问题，高端产品仅占特种钢总量的 10%，高端轴承钢，高档紧固件用钢，高端汽车用钢等仍依赖进口，成为制约我国国防军工、航空发动机等产业发展的关键因素。应大力发展特种钢产业，提高特种钢比重，降低钢铁行业排放强度。

（1）**加大先进特种钢研发力度。**坚持创新驱动，增强自主创新能力，注重产品研究开发和技术引领，重点填补高端轴承钢、汽车用钢等技术空白，推动我国钢铁设备由“中国制造”向“中国创造”转变。

（2）**提高电炉炼钢比重**。特种钢对熔炼温度要求较高，而电炉温度可达3000～6000℃，且温控精准，能够充分满足特种钢熔炼需求。积极引导电炉炼钢比重有序提升、强化电炉炼钢技术储备，满足高端需求、丰富产品供给。

4. 提升产业集聚度

大型钢企较中小企业自主创新能力更强、设备水平更加先进，在能耗与排放控制方面优势显著。提升行业集中度有助于规避重复建设、减少资源浪费。我国钢铁行业集中度水平整体较低，截至 2019 年年底，我国钢铁企业数量为 5138 家，钢产量超过 1000 万吨的企业有 22 家，前 10 位企业产值占比仅 36.8%，而日本、韩国、美国钢产量居前两位的企业产值占比分别高达 79.6%、90%、42.1%。我国应加快推动产业集中度提升，培育一批国际领先的特大型钢铁企业。

（1）**推动重点企业兼并重组**。推动钢铁企业间的相互合作，充分发挥协同效应，实现取长补短、共摊成本、共享成果，提高生产效率与产品质量。鼓励有条件的企业跨行业、跨地区、跨所有制进行兼并重组。

（2）**增强国际竞争力**。鼓励钢铁企业积极开展国际化业务，提高利用国内、国外两个市场、两种资源的能力，推进国际钢铁产能合作，打造全球化产业链，提高我国钢铁工业的国际竞争力。

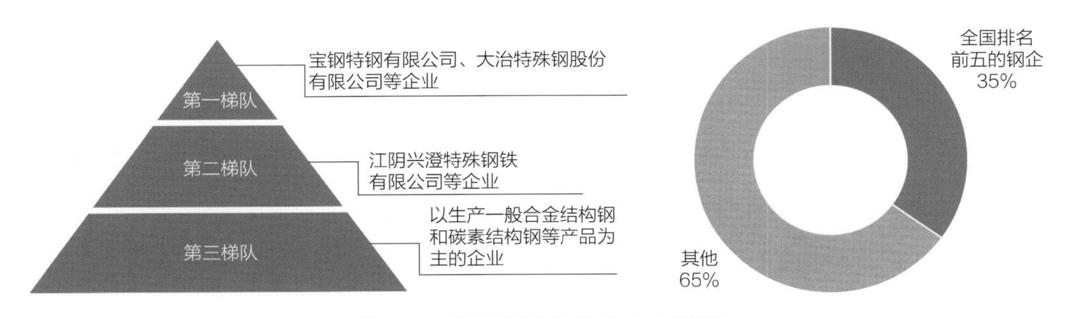

图 4.9　我国钢铁行业集中度情况

4.1.1.3 达峰贡献

加快发展电炉炼钢，推动氢能炼钢示范，优化钢铁产业结构、提升产业集聚度，预计到 2030 年，我国钢铁行业终端能源消费 6.1 亿吨标准煤，其中煤炭、天然气、电力分别为 4.3 亿、0.2 亿、1.3 亿吨标准煤，电气化率达到 21%。钢铁行业碳排放 12.8 亿吨，较现有模式延续情景减排 2.8 亿吨。

表 4.2 钢铁行业能源发展关键指标

钢铁行业	单位	2017 年	2030 年
能源消费总量	亿吨标准煤	6.4	6.1
煤炭消费量		5.6	4.3
天然气消费量		0.1	0.2
电力消费量		0.6	1.3
电气化率	%	10	21
碳排放总量	亿吨碳	16.3	12.8

4.1.2 建材行业

4.1.2.1 发展现状与趋势

新中国成立以来，建材行业经历了“从无到有”“从少到多”“从多到好”的发展历程，为满足我国基本建设和人民生活需要提供了坚实的物质基础。2017 年，我国水泥、玻璃、陶瓷产量分别达到 22 亿吨、475 万吨、100 亿平方米，分别占全球总量的 55%、50%、30%以上。建材行业终端能源消费 3.6 亿吨标准煤，占终端能源消费量的 11%。碳排放量达 7.6 亿吨，占能源活动碳排放总量的 8%。

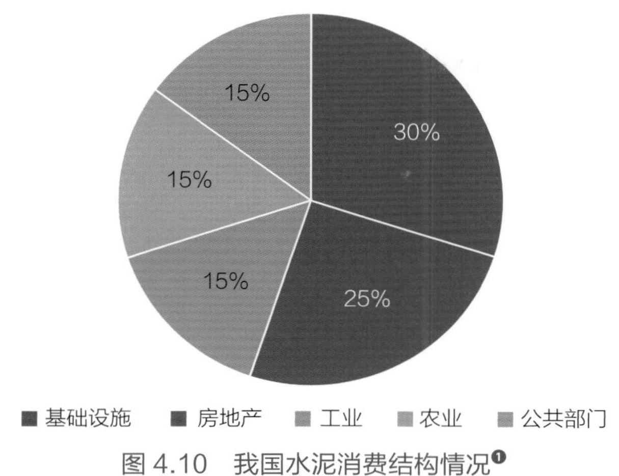

图 4.10　我国水泥消费结构情况[1]

建材行业能耗和污染物、碳排放较高。水泥生产包括“两磨一烧”环节，即生料粉磨、熟料煅烧、水泥粉磨环节。其中熟料煅烧主要以煤炭为燃料，将以石灰石（$CaCO_3$）为主料的混合物煅烧成以硅酸钙为主要成分的水泥熟料，占整个工艺流程总能耗的 70%～80%；煅烧过程中，煤炭燃烧、$CaCO_3$分解碳排放量分别达到 390、425 千克/吨水泥，占比分别为 44%、48%，同时还产生大量二氧化硫、氮氧化物、烟（粉）尘、氟化物、汞及其他化合物。**玻璃**生产包括原料破碎与混合、原料熔融、玻璃成型、退火四个工艺环节，其中能源消耗和碳排放主要在原料熔融环节，能耗占全部工艺的 75%，我国玻璃生产主要以石油焦和煤气为燃料，占比达 21%和 16%。**陶瓷**生产包括原料配置与粉碎、泥浆制备、成型、干燥、施釉、烧成等，能源消耗和碳排放集中在干燥与烧成两个环节，约占陶瓷生产总耗能的 80%以上。

2017 年，我国建材行业共消耗能源 3.6 亿吨标准煤，占终端能源消费量的 11%，其中煤炭、电力消费分别为 2.5 亿、0.9 亿吨标准煤，占比分别为 70%、24%。建材行业共排放二氧化碳 7.6 亿吨，占能源活动碳排放的 8%，其中水泥、玻璃、陶瓷分别占建材行业碳排放的 75%、20%、5%。建材行业二氧化硫、氮氧化物、粉尘排放占工业污染物排放总量的 4%、3%、26%。

[1] 资料来源：能源转型委员会，《中国 2050：一个全面实现现代化国家的零碳图景》。

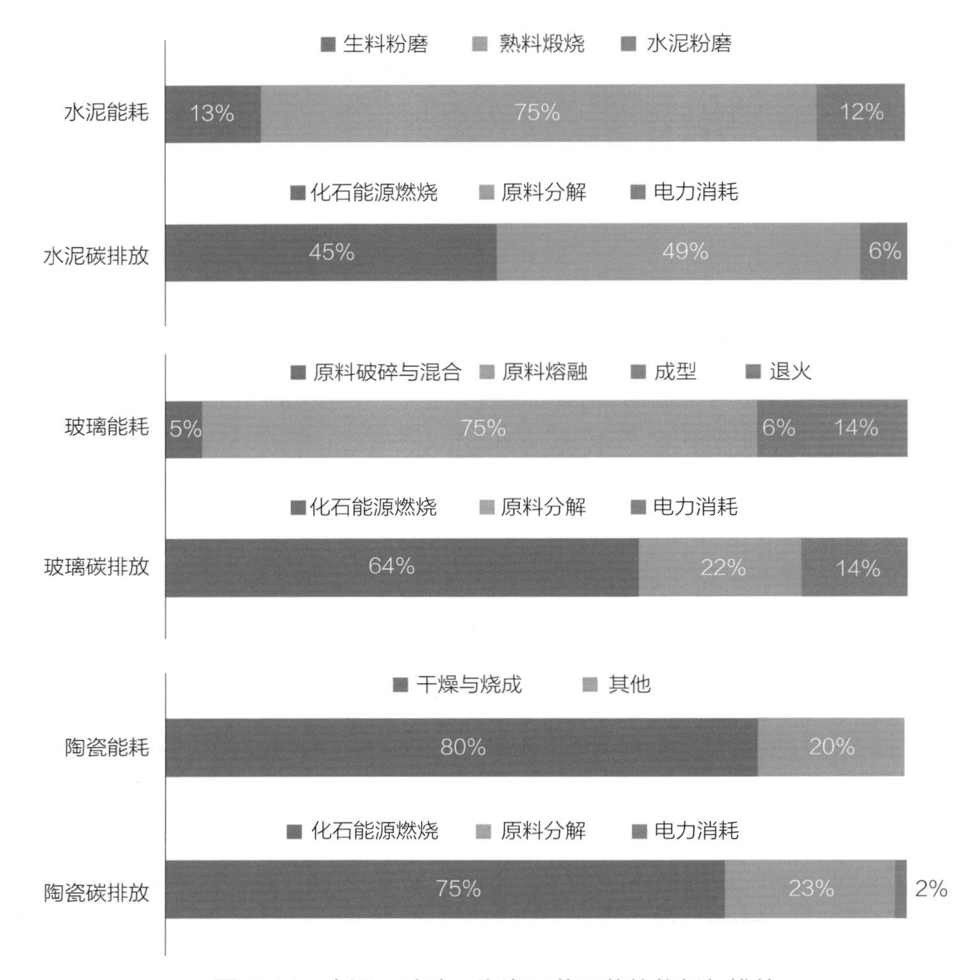

图 4.11　水泥、玻璃、陶瓷工艺环节的能耗与排放

表 4.3　建材行业污染物与碳排放

指标	二氧化碳	二氧化硫	氮氧化物	烟（粉）尘
排放量	7.6 亿吨	59.4 万吨	34.6 万吨	322.2 万吨
占工业领域比重	22%	4%	3%	26%

我国建材需求将逐步下滑。我国建材行业已严重饱和，2017 年，人均水泥消费量已经达到 1.65 吨，是发达国家的 3~5 倍，是金砖国家的 6~7 倍；玻璃人均消费量高达 29.2 千克，高出世界水平 144%；人均瓷砖消费量达到 7.29 平方米，是美国的 9 倍。2014 年以来，随着供给侧结构性改革加速推进，水泥和陶瓷产销量逐步下降，年均下降 1%和 3%。**分领域看，**我国水泥消费主要集中

在基础设施建设、房地产、工业、农业生产，占比分别为 30%、25%、15%、15%；平板玻璃消费主要集中在建筑装饰和汽车，占比分别为 75%和 15%。随着房地产行业投资呈持续下行趋势，建材需求将持续减弱。

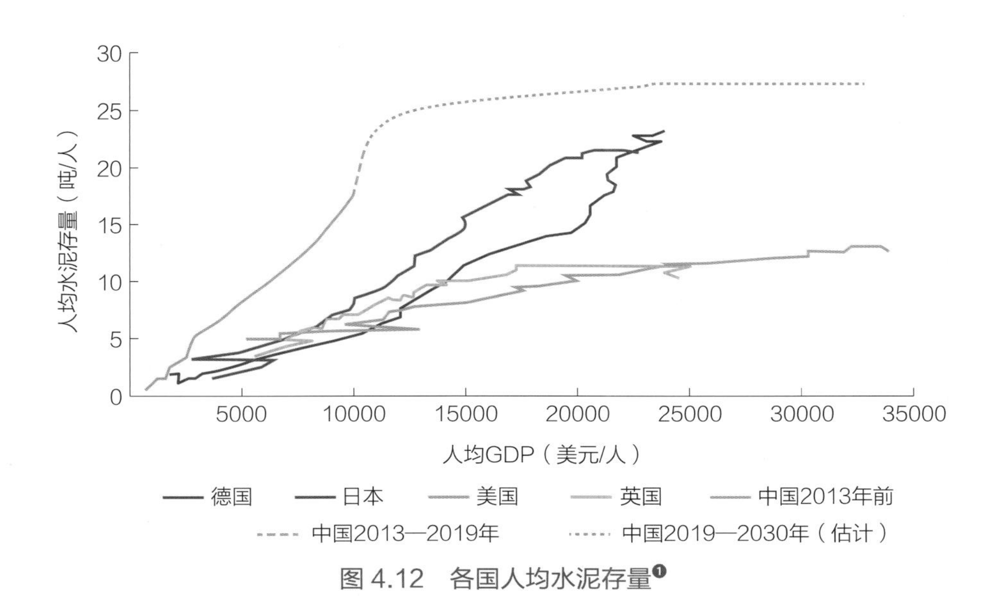

图 4.12 各国人均水泥存量[1]

4.1.2.2 重点举措

针对建材行业大型生产设备如水泥窑炉、玻璃熔炉、陶瓷窑炉等主要利用化石能源加热、碳排放强度大等问题，应加快推动电能加热技术应用，推广新一代生产工艺，淘汰落后产能，提高建材生产能效，减少碳排放。

1. 加快电加热炉推广应用

水泥熟料煅烧环节所需温度为 1000～1450℃，采用金属、非金属发热元件的电加热温度分别可达 1000～1500℃、1500～1700℃，电加热水泥生产技术可行。目前水泥电窑炉尚未商业实践，主要受限于电窑炉的经济性。电加热所需电能成本大约是煤炭、天然气等燃料成本的 1.5、1.3 倍。电窑炉采用的铁铝合金、

[1] 资料来源：能源转型委员会，《中国 2050：一个全面实现现代化国家的零碳图景》。

镍铬合金等金属材料，以及碳化硅、二硅化钼等非金属材料，价格远高于回转窑内壁耐火材料，一次性投资大于回转窑炉。**玻璃**电熔技术与传统火焰加热熔融炉相比效率更高、优势明显，工艺成熟。我国玻璃电窑炉在深加工玻璃领域广泛应用，但在平板玻璃生产线还没有推广，主要也是由于电熔炉经济性较差。**陶瓷**烧制过程中的温度需要在短时之间内快速上升，电加热方式需要较大的输入功率、消耗大量的电能，加热技术复杂，经济性差，因此目前的陶瓷电窑炉体积较小，仅够为陶艺爱好者提供小件烧制，无法实现商业大规模应用。

我国应加快提升水泥电窑炉、玻璃电熔炉经济性，突破陶瓷电窑炉技术瓶颈，推动建材生产电能替代。**加快新技术和装备应用。**提升设备经济性和能源利用效率，力争在 2030 年前，实现大容量高温陶瓷电窑炉大规模商业应用。**推广电能替代。**通过提供改造服务、设备补贴、优惠电价等措施，大力推广电窑炉、电熔炉，逐步淘汰高耗能、高排放的化石能源煅烧设备，通过规模化发展进一步降低电窑炉等设备成本。

随着清洁能源发电成本快速下降，碳排放成本持续攀升，预计 2030、2035 年前，玻璃、水泥电窑炉成本将与化石能源加热窑炉成本相当，逐步实现商业应用。到 2030 年，玻璃、水泥电窑炉产量占比将分别达到 30%、5%，新增电能消费 1100 亿千瓦时。

2. 提高建材生产能效

近年来，我国小型水泥生产线仍占较大比例，日产 2500 吨以下的生产线占比超过 18%。据统计日产 2000 吨生产线较 5000 吨生产线单位产量能耗高出 20%以上。我国玻璃生产能耗较国际先进水平高 22%，熔融窑热效率低 15%，烟尘排放高 2～4 倍，平均生产规模小 24%，工艺改进、能效提高潜力巨大。**开展新一代水泥、玻璃生产工艺研发。**从设计优化、工艺改革、装备提升、节能减排等方面进行攻关，全面提升新型干法水泥生产线的产品制造、实现处置废弃物、综合资源利用、减少碳排放等性能的协同。**加速淘汰建材落后产能。**加大对建材行业的质量监督和污染物排放监控力度，加快制定建材行业落后产能淘汰目录，推动建材生产节能减排。**推广“二代水泥”“二代浮法玻璃”工艺。**对水泥、玻璃行业在产的生产线全面进行提升改造，实现全行业产业优化升级和节能减排。力争 2030 年前，水泥、玻璃行业整体能耗再降低 7%、5%。**推广余热发电。**余热发电技术已在水泥、玻璃领域应用，可满足约 60%的生产自用电，产品综合能耗下降约 18%。我国水泥、玻璃余热发电已具备经济性，投资回收期仅 2～4 年。应尽快实现新增产能全部配备余热发电装置，加大存量生产线改造力度。借鉴分布式能源系统的思想和经验，推动余热发电接入电网，享受分布式能源相关优惠政策，形成余热发电系统与电网密切合作、相互促进发展的格局。预计到 2030 年，水泥、玻璃采用余热发电生产线占比分别达到 45%、35%。

4.1.2.3 达峰贡献

通过发展水泥电窑炉、玻璃电熔融炉、陶瓷电窑炉等建材电加热设备，推广先进生产工艺，减少建材行业煤炭使用。预计 2030 年，我国建材行业终端能源消费 3.1 亿吨标准煤，其中煤炭、石油、天然气、电力分别为 1.8 亿、0.1 亿、0.2 亿、1.0 亿吨标准煤，电气化率达到 32%。建材行业碳排放 5.7 亿吨，较现有模式延续情景减排 1.4 亿吨。

表 4.4 建材行业能源发展关键指标

建材行业	单位	2017 年	2030 年
能源消费总量	亿吨标准煤	3.6	3.1
煤炭消费量		2.5	1.8
石油消费量		0.1	0.1
天然气消费量		0.1	0.2
电力消费量		0.9	1.0
电气化率	%	24	32
能源活动碳排放总量	亿吨碳	7.6	5.7

4.1.3 化工行业

4.1.3.1 发展现状与趋势

新中国成立以来，化工行业的发展为我国经济和社会的发展提供了不可或缺的物质基础，是国家的支柱性产业。2017 年，我国化工行业产值高达 13.8 万亿元，同比增长 7.2%，占全球化工行业产值的 40%，居世界首位。预计 2030 年，我国化工行业产值进一步升至全球产值的 50%。碳排放 5.2 亿吨，占能源活动碳排放总量的 6%。

化工行业是我国主要高耗能行业之一。2017 年，我国化工行业能源消费 6.1 亿吨标准煤，占终端能源消费总量的 19%，其中煤炭、石油、天然气消费量分别达到 2 亿、1.9 亿、6319 万吨标准煤，占比分别为 32%、31%、11%。从化工产品种类来看，甲醇、合成氨、烧碱、电石、纯碱等前十大产品耗能总和占全行业能源消费量的 63%，且平均能效水平较国际先进水平低 10%～20%。

表 4.5　我国化工产品能耗占比

产品	能源消耗（万吨标准煤）	能耗占比
甲醇	10663	21.74%
合成氨	8310	16.94%
烧碱	2663	5.43%
电石	2640	5.38%
聚氯乙烯	2108	4.30%
纯碱	1245	2.54%
尿素	1036	2.11%
乙二醇	817	1.66%
磷酸一铵	768	1.57%

续表

产品	能源消耗（万吨标准煤）	能耗占比
磷酸二铵	575	1.17%
其他	18229	37.16%
化工行业总能耗	49054	100%

2017 年，我国化工领域碳排放约 5.2 亿吨标准煤，占能源活动碳排放总量的 6%，其中，化石能源作为燃料燃烧产生的碳排放占比约 80%，化石能源作为原料反应过程中逸散的碳排放占比约 20%。

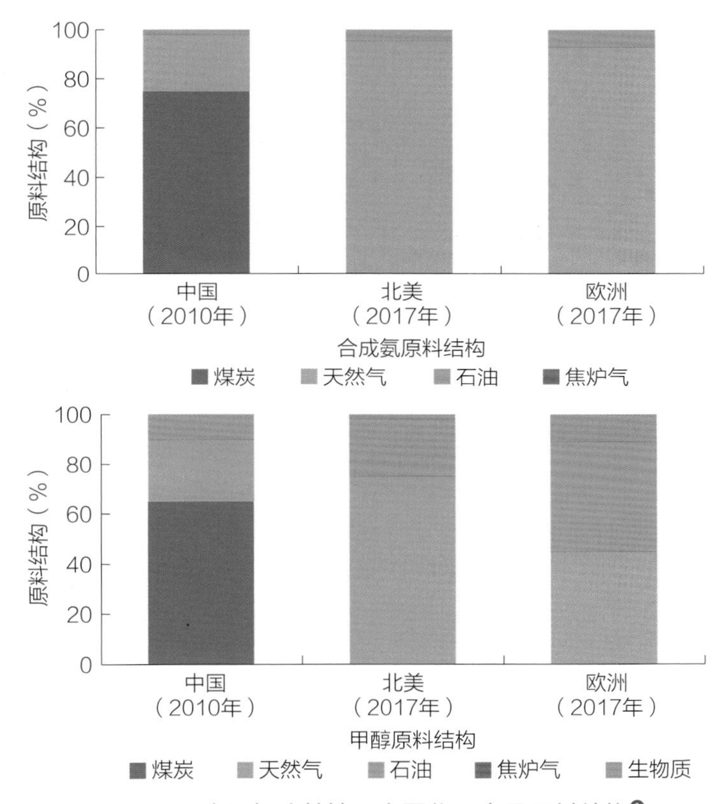

图 4.13　我国与欧美地区主要化工产品原料结构[1]

化工产品需求量仍将持续提升。随着经济发展和我国化工产品国际竞争力提高，我国化工产品的需求量将持续提升。预计未来 10 年，我国化工行业产值年均增速将保持在 5%左右，2030 年产值达到 26 万亿元。

[1] 资料来源：能源转型委员会，《中国 2050：一个全面实现现代化国家的零碳图景》。

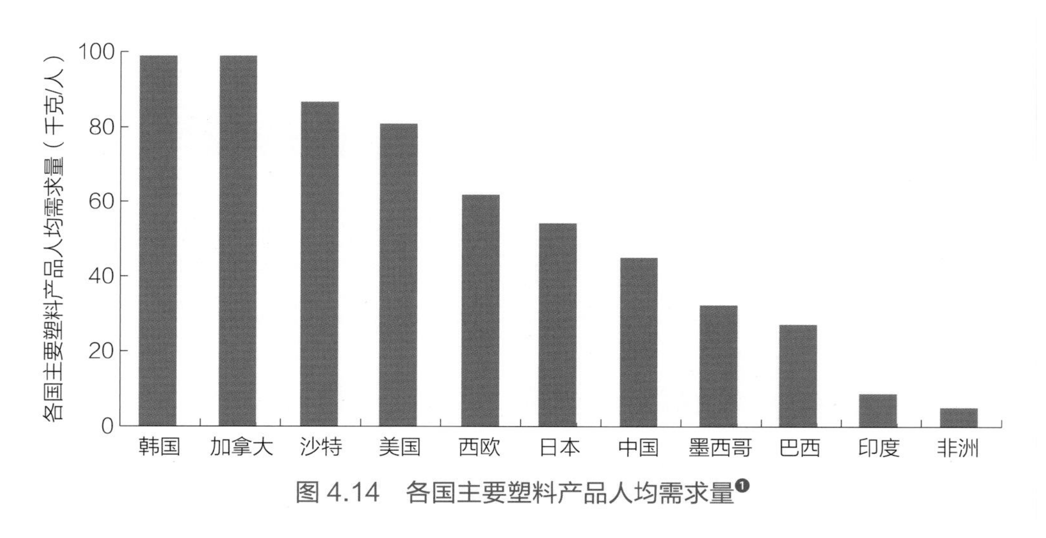

图 4.14　各国主要塑料产品人均需求量[1]

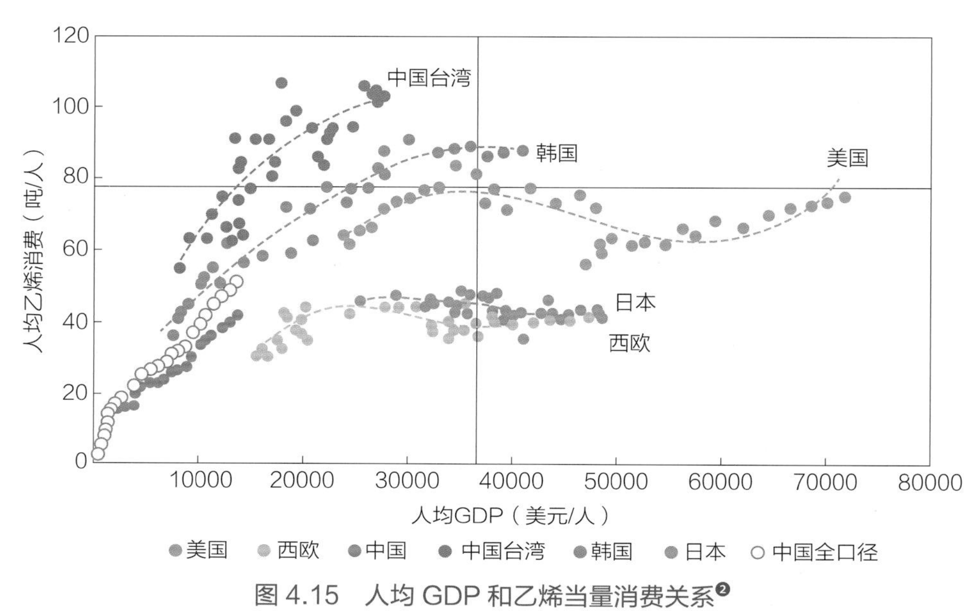

图 4.15　人均 GDP 和乙烯当量消费关系[2]

4.1.3.2　重点措施

化工行业的减排重点是积极发展电制原材料，提升化工行业集中化、规模化发展水平，抢占产业发展先机。

---

❶ 资料来源：能源转型委员会，《中国 2050：一个全面实现现代化国家的零碳图景》。

❷ 资料来源：中国石油化工公司经济技术研究院，《中国石油消费情景研究（2015-2050）》。

1. 大力发展电制原材料

电制原材料的实质是以电作为能量，将二氧化碳中的碳元素、水中的氢元素和空气中的氮元素等进行还原、重组，生成可以重新利用的有机或无机物。如电解水制氢，利用氢还原氮气可实现氨（NH_3）的制备；通过氢还原二氧化碳可以实现甲烷（CH_4）、甲醇（CH_3OH）等简单有机物的制备，并可进一步合成乙烯、丙烯、苯等，实现有机原材料的电法制备。

当前我国电制原材料处于起步阶段，其经济性与传统煤炭、石油化工相比仍有差距：**电制氨**的成本约为 4.9 元/千克，略高于氨的市场价格（2.8～3.5 元/千克）；**电制甲烷**的成本为 10~11 元/立方米，远超天然气的开采成本（约 0.7 元/立方米）或终端用户价格（3～5 元/立方米）；**电制甲醇**再合成汽油成本约为 17 元/千克，远高于目前石油炼化汽油成本（4 元/千克，原油价格 359 元/桶[1]）。

在电价大幅下降和效率提升等因素的综合推动下，电制原材料技术发展和应用前景广阔，应加大相关基础研究力度，抢占产业发展先机。

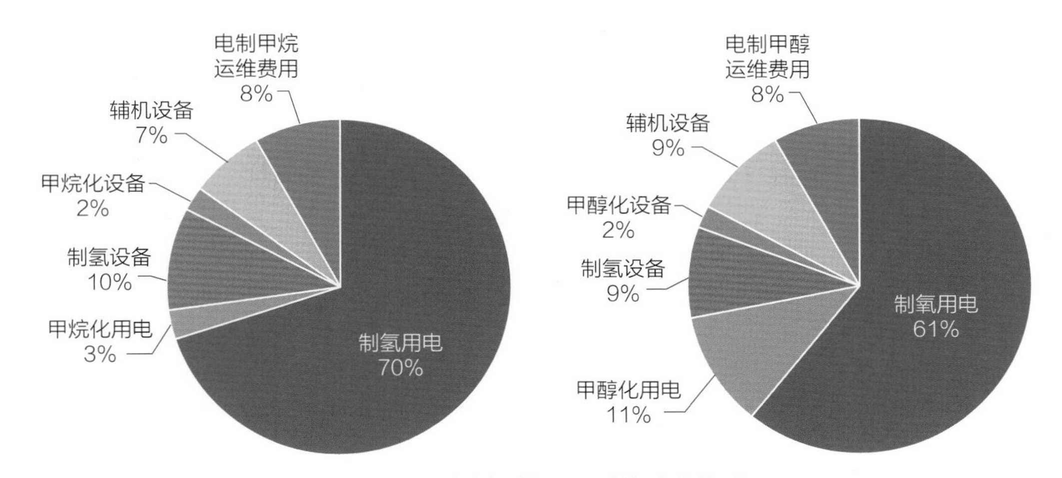

图 4.16　电制甲烷、甲醇的成本构成

[1] 资料来源：曹然，中国石油大学，《煤制油技术的竞争力分析》。

完善工艺流程。加强二氧化碳加氢制化工品过程的反应机理和动力学研究。研发制备新型催化剂，提高甲烷、甲醇的转化效率和速率。完善和优化工艺流程、反应条件和反应器设计，降低工艺能耗和成本。**积极推进科技示范。**在可再生能源资源和二氧化碳资源丰富地区，积极推进高效电解水制氢、大容量二氧化碳加氢甲烷化、甲醇化等一体化科技示范项目，为电制原材料技术商业化应用奠定基础。**培育健全产业链。**建立电制原材料技术相关标准体系，培育健全上游电制氢、碳捕集相关产业链，推动低能耗、高效的反应器装置规模化生产，降低原料与装置成本。

预计到 2030 年，电制氢设备成本大幅降低，用电价降至 0.2 元/千瓦时，电制氨成本降至 2.9 元/千克，与当前化石能源合成氨价格相当；电制甲醇的成本降至 3.5 元/千克，与当前化石能源制甲醇相比具备一定的竞争力；电制甲烷的成本降至 5 元/立方米，接近当前天然气进口国家的用户侧价格；合成汽油成本有望降至 8 元/千克，相当于原油价格 686 元/桶时的炼化汽油成本。

电制氨有望作为电制原材料产业的代表性产品得到推广，规模达到约 1000 万吨，增加用电 4000 亿千瓦时；电制甲醇在部分化工领域替代石油实现示范应用；电制甲烷在远离天然气产地的部分终端用户实现示范应用，既可以直接作为燃料也能作为有机原料用于化工领域，总规模有望达到约 100 万立方米。

2. 提升化工产业集聚度

化工企业集中化、规模化、园区化发展可强化厂间交流，推动能源、物料、废物流通，降低成本投入与污染排放。园区设施集中建设、统一供应服务，可降低环境管理成本、充分利用资源，实现环保减排效益最优。我国化工企业入园比例仍处于较低水平，且现有园区规模小、布局分散、管理落后。在化工第一大省山东，2020 年全省 4580 家化工企业中仅有 1458 家企业入园，入园率仅

32%。应积极有效推动化工企业入园，逐步提升化工产业入园率，实现化工行业有序发展。

（1）将化工园区作为低碳发展重点，有组织、有计划、有重点地引导企业实施搬迁，对部分危化品企业等重点企业提供搬迁扶持，提高企业入园率。

（2）探索建设绿色化工园区，在园区规划、空间布局、产业链设计、能源资源利用、生态环境等方面全面贯彻资源节约和环境友好的理念，使园区布局集约化、结构绿色化、管理高效化，实现原料互供、资源共享、土地集约和“三废”集中治理，推动化工行业节约、集约发展。预计 2030 年，全国化工企业入园率达到 90%。

4.1.3.3　达峰贡献

积极发展电制原材料、加速化工企业入园进程将有效降低化工企业能源资源消耗，减少碳及污染物排放，实现化工行业绿色循环发展。2030 年，我国化工行业终端能源消费 7.3 亿吨标准煤，其中煤炭、石油、天然气、电力分别为 2.3 亿、2.4 亿、0.8 亿、1.3 亿吨标准煤，电气化率达到 18%。化工行业碳排放 6.4 亿吨，较现有模式延续情景减排 1.1 亿吨。

表 4.6　化工行业能源发展关键指标

化工行业	单位	2017 年	2030 年
能源消费总量	亿吨标准煤	6.1	7.3
煤炭消费量		2.0	2.3
石油消费量		1.9	2.4
天然气消费量		0.6	0.8
电力消费量		1.0	1.3
电气化率	%	16	18
碳排放总量	亿吨碳	5.2	6.4

4.1.4 产业优化升级

产业结构是影响低碳发展的关键因素。国民经济中，第二产业是资源消耗和污染排放的主体，特别是钢铁、建材、化工、有色等高耗能产业，高度依赖煤炭等化石能源，能耗总量及碳排放巨大；而通信、电子、信息技术、新材料、精密仪器、航空航天等高端制造业，以及信息、物流、金融、会计、咨询、法律服务等第三产业，以电能为主要能源，具有资源消耗少、环境污染轻、附加值高等特点。我国第二产业占 GDP 的 39%，第三产业占 GDP 的 54%，低于世界平均水平，特别是第二产业中钢铁、建材、化工等高耗能、高排放产业仍占很高比重，2017 年用能占工业总能耗的 75%。大力发展高技术、低碳化的高端制造业和现代服务业，加快产业转型升级，优化产业结构是我国低碳发展的重要举措。

全面加快现代服务业发展。促进服务业优质高效发展，进一步扩大对外开放、放宽市场准入、增需扩容，提升就业能力，推动服务业创新发展，在全球和区域经贸合作框架下，积极推动生产型服务业向专业化和价值链高端延伸，提升国际竞争力，扩大服务贸易出口。到 2030 年，完成由工业化后期阶段向后工业化阶段的过渡，服务业吸纳就业人口比重超过 60%，服务出口保持 7%左右年均增长，标准化、规模化、品牌化、网络化和智能化水平显著提升。

推动产业结构优化。坚持走中国特色新型工业化道路，加快改造提升传统产业，促进制造业创新发展，提高服务业比重，向专业化和价值链高端延伸，促进产业整体向中高端迈进。到 2030 年，钢铁、水泥产量达峰后逐步下降，服务业吸纳就业人口比重超过 60%，服务贸易出口保持 7%左右年均增长。

着力培育战略性新兴产业[1]。发挥战略性新兴产业在我国新发展阶段拉动经

[1] 根据《战略性新兴产业分类（2018）》，战略性新兴产业主要包括：新一代信息技术产业、智能制造装备产业、新材料产业、生物产业、新能源汽车产业、新能源产业、高效节能产业、数字创意产业和相关服务业九大类。

济增长、创造就业岗位、促进低碳发展的引擎作用。大力发展新一代信息技术、高端装备制造、新材料、生物新能源、新能源汽车等知识、技术密集型产业。推进战略性新兴产业与大数据中心、电动汽车充电网络等新型基础设施建设的高效联动发展。统筹产业发展目标、能源转型目标和低碳发展目标，集聚政产学研要素，依托产业示范园区、产城融合等模式协同推进战略性新兴产业集群化发展与低碳城市建设。到 2030 年，战略性新兴产业占 GDP 比重超过 20%，助力我国成为世界重要的制造中心和创新中心，初步实现产业基础高级化、产业链现代化。

推动绿色低碳产业[1]、绿色金融、绿色技术跨越式发展。以绿色产业发展促进新型工业化、信息化、城镇化和农业现代化建设。完善和创新绿色金融体系建设，促进气候友好型产品开发和项目投融资，形成成熟的绿色信贷、绿色债券、绿色股票指数、绿色保险、碳金融等金融工具体系。构建市场导向型的绿色技术创新体系和绿色产业体系，强化产品全生命周期绿色管理，发挥企业在绿色技术研发、成果转化、示范应用和产业化中的主体作用。以绿色产业发展促进新型工业化、信息化、城镇化和农业现代化建设。到 2030 年，绿色金融体系基本建设完成，绿色产业规模显著扩大，节能环保行业、清洁能源产业和绿色服务保持年均 8%～10%的增长率，一批代表性企业具备全球领先的低碳供应链管理水平。

4.2 发展电动交通与智慧交通

4.2.1 发展现状与趋势

交通运输部门是我国第二大能源消费和碳排放部门，仅次于工业部门。2017 年，交通部门碳排放量 8.6 亿吨，占能源活动碳排放的 9%。近五年，交通运输碳排放量年均增长率达到 5%。

[1] 根据绿色产业指导目录（2019 年版），绿色产业主要包括节能环保产业、清洁生产产业、清洁能源产业、生态环境产业、基础设施绿色升级和绿色服务六大类。

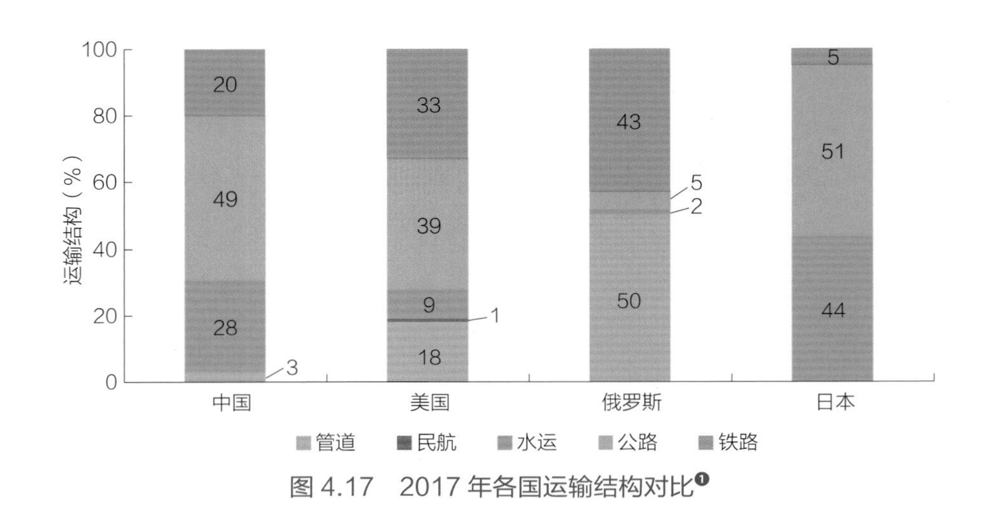

图 4.17　2017 年各国运输结构对比[1]

我国交通运输用能以石油为主，公路运输是主要耗能部门。交通运输部门是我国第二大能源消费部门，也是最主要的石油消费部门。2017 年，我国交通领域终端用能 4.9 亿吨标准煤，占终端能源消费总量的 15%，其中石油占比高达 86%，近 5 年来交通用能年均增速达到 5%。交通领域用油持续快速增长，严重影响了我国碳达峰目标的实现，还带来能源安全等问题，控制交通用油增长是实现 2030 年前碳达峰的重点。从运输方式来看，公路运输是耗能最大的部门，能源消费量与石油消费量占交通领域总量比重分别达到 83%和 82%。水运与民航 100% 以石油为燃料，能源消费占交通领域总量比重为 7%，电气化率仅 1.5%。铁路是我国最清洁低碳的运输方式，电气化率达 65%，能源消费占交通领域总量比重的 3%。

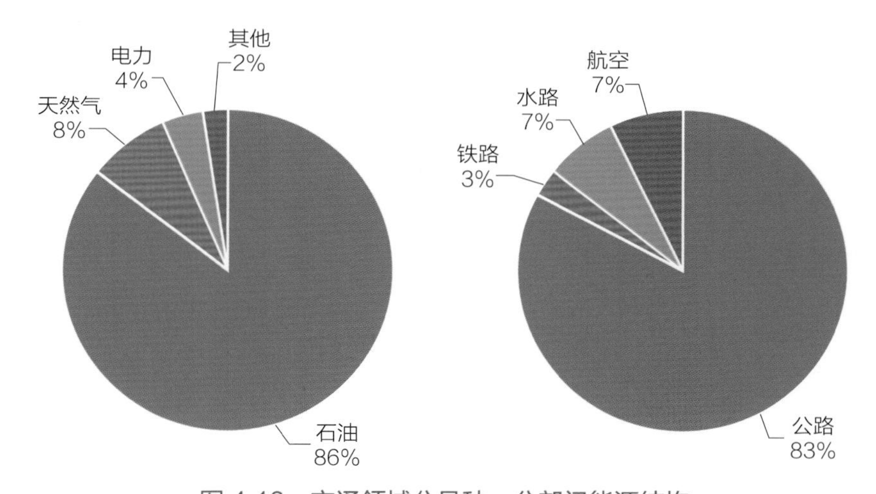

图 4.18　交通领域分品种、分部门能源结构

[1] 资料来源：中国石油化工公司经济技术研究院，《中国石油消费情景研究（2015-2050）》，中国石油消费总量控制和政策研究项目，2019 年 6 月。

交通领域碳排放呈快速增长态势。2017 年，交通运输碳排放总量 8.6 亿吨，占能源活动碳排放的 9%，近 15 年年均增长率约 5%。公路运输是交通领域碳排放的主要来源，占比达 84%，且机动车是空气污染物的主要来源。2017 年，全国机动车碳氢化合物、氮氧化物、烟尘排放量分别达到 407 万、574.3 万、50.9 万吨，分别占全体移动源[1]排放总量的 83.9%、50%、51.2%。民航部门碳排放快速增长，2005—2017 年，碳排放从 0.2 亿吨增长到 0.8 亿吨。

截至 2019 年年底，全国私家车达 2.07 亿辆，近五年年均增长 1966 万辆。其中新能源汽车保有量达 381 万辆，占汽车总量的 1.9%。2016 年我国汽车千人保有量 180 辆，与美国的 800 辆，日本的 591 辆以及韩国的 376 辆还有较大差距。随着居民收入不断提高、城市化持续推进、新能源汽车产业快速发展，预计到 2030 年，我国汽车保有量将达到 3.8 亿辆左右，千人汽车保有量将达到 270 辆。随着我国汽车保有量持续增长，如不改变用能结构，预计到 2030 年用能量和碳排放还将增长 50%以上，严重影响碳达峰目标实现。

表 4.7　2016 年各国汽车保有量和普及率对比[2]

国家（地区）	人均 GDP（元）	千人汽车保有量（辆）	人口密度（人/平方千米）	总汽车保有量(万辆)
中国	53817	140	147	19306
美国	375541	800	35	25840
德国	274048	572	237	4690
日本	254175	591	348	7506
韩国	179965	376	526	1918
中国香港	285451	116	6619	81
中国台湾	147297	300	638	720

[1] 包括飞机、船舶、火车、工程机械等所有移动载具。

[2] 资料来源：World Bank Open Data; The International Organization of Motor Vehicle Manufacturers (OICA)。

4.2.2　重点措施

当前我国交通运输能源消费仍以石油为主，减排重点是加快推动交通领域“以电代油”，加快电动汽车产业发展，优化交通体系，提高铁路和水路运输比重与公共交通分担率，依托信息技术提升交通运输运营效率，促进节能减排。

4.2.2.1　提升交通用能电气化水平

1. 加快电动汽车产业发展

目前，电动汽车替代燃油车条件具备，2019 年纯电动乘用车平均续航里程已达到 361.9 千米，电耗下降到 14.6 千瓦时/百千米，锂电池成本快速下降，预计到 2025 年实现电动汽车与燃油汽车“油电平价”。法国、英国、美国等都已纷纷制定燃油车退出计划，即将陆续禁售燃油车，以减少公路运输的二氧化碳和污染物排放。我国新能源汽车产业发展全球领先，新技术和商业模式不断涌现，市场竞争力较强，具备发展电动汽车产业优势。

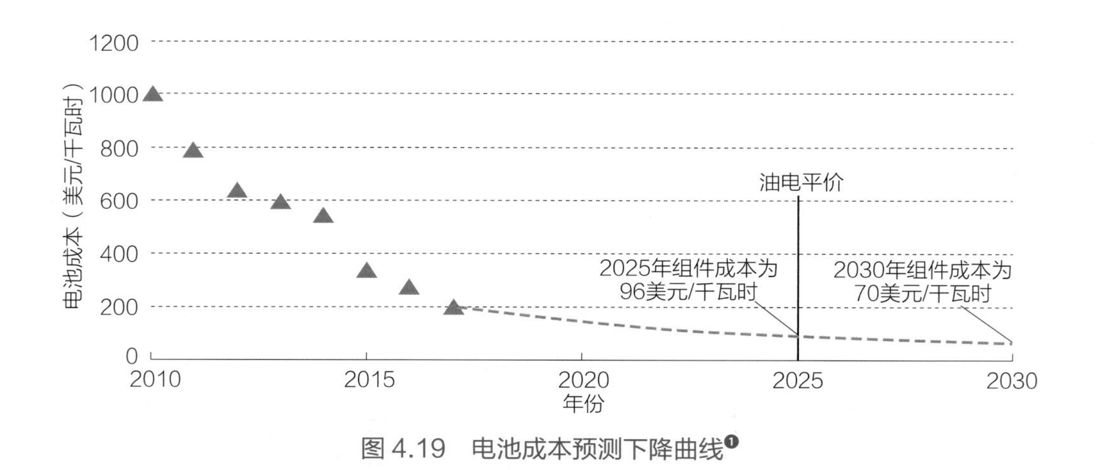

图 4.19　电池成本预测下降曲线[1]

---

[1] 资料来源：彭博新能源财经，《新能源汽车长期展望 2018》。

表 4.8　各国禁售燃油车时间表

类别	国家	禁售燃油车时间
已确定	法国	2040 年
	英国	2040 年
计划中	荷兰	2025 年
	挪威	2025 年
	德国	2030 年
	美国	2030 年
	印度	2030 年
	比利时	2030 年
	瑞士	2030 年
	瑞典	2030 年

（1）推动电动汽车及充换电基础设施网络发展，优化基础设施布局、建设车联网平台、构建开放合作的产业生态。

（2）大力培育电动汽车产业。推动新能源汽车整车、动力电池等零部件企业优化重组，提高产业集聚度。在产业基础好、创新要素集聚地区，发挥龙头企业带动作用，培育上下游协同创新，大中小企业融通发展，具有国际竞争力的新能源汽车产业集群，提升产业链现代化水平。

预计电动汽车保有量 2025、2030 年分别突破 2500 万、6000 万辆。

2. 加快氢燃料电池汽车应用

氢燃料电池汽车以电制氢能代替化石能源为燃料，氢能能量密度是电动汽车锂电池的 160 倍以上，车载能量大、续航里程长，在长距离重载货运与城际公交领域发展潜力巨大。目前我国氢燃料电池汽车的保有量已超过 6500 辆，燃料电池成本高、氢能产业链不完善是氢燃料电池汽车推广应用的主要瓶颈。

（1）健全氢能产业链。加快氢气存储、运输等关键技术研发，提升氢能装备水平，完善加氢基础设施建设及运营模式，推进氢能产业发展。

（2）加快氢燃料电池汽车推广应用。以公交车、团体客车和城市物流车为重点，进行示范应用。

3. 加快港口岸电与机场廊桥岸电发展

港口岸电与机场廊桥岸电可极大降低水路和航空运输的二氧化碳及污染物排放，以宜昌市为例，通过港口岸电改造，年用电量达到 1700 万千瓦时，减少燃油 3612 吨、减排二氧化碳 11379 吨、氮氧化物 11 吨。目前我国港口岸电设施覆盖泊位比例约 81%[1]，机场廊桥岸电建设发展相对较慢，仅浙江省等少数省份实现全覆盖。未来需要持续扩大港口岸电与机场廊桥岸电工程覆盖范围，建立完善的港口与机场智能用电服务平台，实现载具与电网双向互动，推动岸电“以电代油”的新模式发展，在 2030 年前实现港口岸电与机场廊桥岸电全覆盖。

预计 2030 年，全国汽车保有量将达到 3.8 亿辆，新能源汽车成为汽车市场的主流选择，电动汽车保有量达到 6000 万辆，氢燃料电池汽车达到 500 万辆，公路领域能源消费达到 5.9 亿吨标准煤，其中石油、电能、氢能消费量分别为 4.3 亿、5400 万、3000 万吨标准煤，电气化率达到 9%。

4.2.2.2 优化交通运输体系

1. 降低公路运输比重，提高铁路运输比重

我国客运和货运均以公路为主，能耗与碳排放相对较高。实现交通运输低碳

[1] 数据来源：根据《港口岸电布局方案》内五类泊位的岸电设施统计数据推测。

发展，应提升铁路、水路客货运比重，建立集约低碳的综合运输结构。我国铁路已经基本建成五纵五横综合运输大通道，涵盖了大部分重要公路、港口和机场，运输能力较强，但目前货运周转量相对较低。2019 年，铁路运输占全年货物周转量比重 15.1%，远低于公路运输 30%的份额，而美国铁路货物周转量份额长期保持在 50%左右，铁路货运水平提升潜力巨大。**提升货运铁路运输能力，**加快完成蒙华、唐曹、水曹等货运铁路建设，提升沿海及内河港口大宗货物铁路集疏港比例。**优化铁路管理体系，**引入现代物流理念，紧密对接市场需求，开发适应现代物流服务需求的铁路货运系列新产品，消除中间环节、降低物流成本，提升铁路货运吸引力。积极推进以港口为枢纽的铁水联运等先进运输组织方式，充分挖掘铁路运输潜力。

2. 持续完善城市公共交通系统

我国在公共交通基础设施方面与发达国家相比还有较大差距。东京、纽约地铁网络的平均站间距分别约为 1.07、0.89 千米，而北京、上海、广州地铁网络的平均站间距则分别为 1.67、1.61、1.57 千米。东京、纽约公共交通出行分担率高达 51%、60.5%，而我国城市公共交通出行分担率普遍低于 40%。应加快完善城市公共交通基础设施建设，鼓励设立公共汽车专用道，并结合实际开辟轨道交通线路，构建多层次城市出行系统，提升公共交通分担率。大力发展慢行交通[1]和共享交通，推动网约车、顺风车、自动驾驶+共享汽车、共享单车等模式有序发展，降低城市交通气候环境负担。

预计到 2030 年，交通基础设施网络综合覆盖度进一步提升，铁路、水运货物周转量承运比例达到 55%，沿海港口集装箱铁水联运比例达到 10%，公路货物周转量承运比例降至 25%，绿色运输发展潜力得到充分挖掘，低碳运输结构基本形成。

---

[1] 步行、自行车等慢速出行方式作为城市交通的主体，引导居民采用“步行+公交”的出行方式来缓解交通拥堵现状，减少汽车尾气污染。

4.2.2.3　推动交通运输设施智能化

车路协同提升交通运行效率。采用物联网、云计算、传感探测等先进技术手段，通过车辆运行状态辨识、高精度导航及高可靠信息采集与交互，可实现人、车、路信息的全面感知和智能协同配合。车路协同能够实时优化车辆路线，提升车辆通行效率，显著提升能效。**自动驾驶技术节能降耗。**自动驾驶汽车能够采用比人类驾驶更节能环保的最佳驾驶方式，最高可节约燃料 12%，提高道路通行能力 21.6%～64.9%[1]。当前我国自动驾驶技术快速发展，推广应用条件基本具备。**智慧共享助力绿色出行。**基于智能网络通信技术的共享单车、网约车、顺风车等共享交通方式，能有效提高现有车辆设备使用效率，从而缓解交通拥堵、减少资源浪费。杭州市 2018 年共享单车使用带来石油消耗降低约 890 万升，相当于该市交通汽油消费的 0.4%。

我国应大力支持基于移动通信、人工智能的交通应用技术研发，积极推动示范应用。加快信息通信、电动汽车、基础设施建设、可再生能源等产业协同融合发展，激发新商业模式，健全产业链条，培育国际领先的交通装备企业。

4.2.3　达峰贡献

预计 2030 年，我国交通领域终端能源消费 7.7 亿吨标准煤，其中石油、天然气、电力分别为 5.8 亿、0.6 亿、0.8 亿吨标准煤，电气化率达到 11%。交通领域碳排放 11.9 亿吨，较现有模式延续情景减排 2 亿吨。

---

[1] 数据来源：交通运输部研究。

表 4.9 交通领域能源发展关键指标

交通领域	单位	2017 年	2030 年
能源消费总量	亿吨标准煤	4.9	7.7
石油消费量		4.2	5.8
天然气消费量		0.4	0.6
电力消费量		0.2	0.8
电气化率	%	4	11
能源活动碳排放总量	亿吨碳	8.6	11.9

4.3 提升建筑领域电气化水平

建筑领域是我国第三大能源消费和碳排放部门。2017 年，我国建筑领域能源消费总量达到6.3亿吨标准煤，占终端能源消费总量的19%，二氧化碳排放量约 7 亿吨，占能源活动碳排放总量的 8%。随着人民生活水平不断提高、城镇化快速推进和人口持续增加，近十年来我国建筑用能总量和碳排放规模年均增速为5.6%和 5%。在采暖、炊事等领域仍然依赖化石能源，给自然资源和生态环境带来巨大压力。有生态美好才有生活幸福，绿水青山是新时代人民美好生活的“幸福标配”。实现 2030 年前碳达峰，必须提高建筑用能电气化水平，在采暖、炊事、生活热水等方面以电代替化石能源；提高生活用能效率，推广使用节能智能家电，加快建筑物节能改造；提高居民低碳意识，倡导低碳生活方式，建设天蓝地绿水清的美好家园。

4.3.1 发展现状与趋势

从用能领域看，2017 年，建筑领域中采暖、炊事、生活热水、家电及照明耗能分别为 1.6 亿、1.4 亿、0.7 亿、1.5 亿吨标准煤；从能源品种看，电力、天然气、煤炭消费分别为 2.3 亿、0.7 亿、1.4 亿吨标准煤，占比分别为 38%、11%、22%。我国建筑领域碳排放主要来源于三方面：化石能源燃烧用于炊事、采暖、生活热水等，产生约 7 亿吨碳排放；家用电器、空调、照明等电能消耗，由火电间接产生约 5.9 亿吨碳排放；北方城镇中热电联产机组间接产生约 1.1 亿吨碳排放。

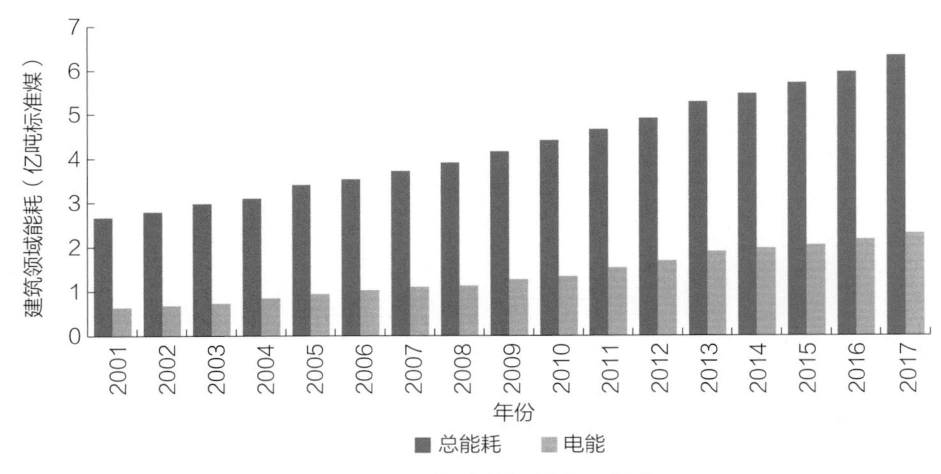

图 4.20　历年建筑领域能源消费

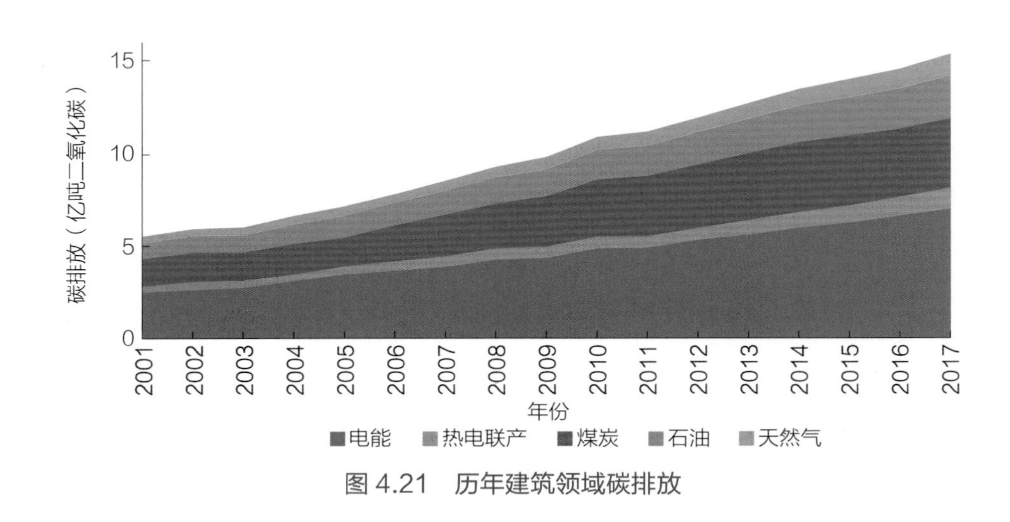

图 4.21　历年建筑领域碳排放

建筑领域用能总量将持续快速增长，占终端能源总量比重持续提升[1]。近十年来我国建筑领域用能年均增速为 5.6%。2017 年建筑领域人均用能约 0.45 吨标准煤，而 OECD 国家、美国、日本十年前人均用能已经达到 0.84、1.26、0.55 吨标准煤，我国与发达国家差距巨大。未来，随着城镇化加快推进、人口增长，我国建筑领域用能将持续快速增长。预计到 2030 年，建筑领域用能总量达到 8.8 吨标准煤，年均增速 3%，占我国终端用能总量比重提升至 22%。

[1] 数据来源：《世界与中国能源展望》。

4.3.2 重点措施

针对我国冬季采暖用煤比例高、炊事能耗以燃气为主、生活热水采用燃气比例高等情况，应提高建筑领域用能电气化水平，推广使用节能智能家电，加快建筑物节能改造，倡导低碳生活方式，提高生活用能效率和减排力度。

4.3.2.1 提高建筑领域电气化水平

我国冬季城镇供热、炊事、生活热水领域用能分别达到 1.6 亿、1.4 亿、0.7 亿吨标准煤，其中采暖用煤比例超过 80%；炊事能耗以燃气为主，占比达 58%，电气化率仅 29%；生活热水主要采用燃气、电、太阳能热水器，占比分别约 40%、50%、10%。当前，采暖、炊事、生活热水等建筑领域用能电气化技术日趋成熟，成本持续下降，具备替代化石能源的条件。

采暖方面，热泵设备技术成熟，用电量仅为普通电暖器的四分之一，是零碳、高效的供暖方式，近年来在全球快速发展。蓄热式电锅炉利用夜间低谷时段的电力，将电锅炉内蓄热体进行加热[1]，以热能形式储存起来，在需要供暖时段再将热能释放出来用于供暖，热效率高达 95%~98%，低谷时段电价仅为高峰电价的 1/2~1/3，且有利于电力系统削峰填谷。氢能采暖可将一定比例氢能掺入天然气中，利用现有天然气管道等基础设施，以清洁高效的方式为居民提供热力。太阳能采暖通过集热器把太阳能转换成热水，供居民采暖使用，是清洁、经济的采暖方式。

炊事方面，电火锅、电烤箱、电磁炉等技术成熟、使用便捷、清洁低碳。

生活热水方面，电热水器热效率高达 80%~90%，高于燃气热水器，且使

[1] 一般水加热至 90℃，固体材料小于 850℃。

用便捷、安全、寿命长，目前储水式电热水器占比已接近一半，但其储水箱体积大，使用前需要预热，部分家庭仍选择燃气热水器。

1. 因地制宜，推广电采暖与清洁能源采暖

（1）在燃气（热力）管网无法达到的老旧城区、城乡接合部、生态要求较高区域，广泛采用蓄热式电锅炉、热泵等集中供暖方式为居民、商业建筑供暖。

（2）在农村地区，普及电暖气、太阳能采暖等分散电采暖，以低碳采暖方式逐步替代散煤采暖。

（3）在清洁能源富集地区，引导利用低谷富余清洁电力蓄能供暖，利用地热、生物质、太阳能等为居民提供热力服务。力争到 2030 年，供暖领域电气化率达到 20%以上，煤炭占比降低到 50%以内。

2. 推动电气化设备研究和电力基础设施建设

（1）推动大功率、高性能电采暖、电炊具、电热水器技术与装备创新，减小设备体积，提高设备热效率和稳定性，适应和满足居民生活不同场景的需求。

（2）加强居民配电网“最后一公里”建设，提高配电网可靠性和智能性，满足居民生活大功率电器需求。

3. 推动天然气掺氢改造

适时推动对燃气设备进行掺氢改造，逐步在天然气管道中掺一定比例氢能，促进采暖、炊事、生活热水领域掺氢天然气的使用，高效利用原有基础设施实现碳减排。

专栏 7

天然气掺氢

天然气掺氢是适用于建筑领域的清洁低碳用能方式，可提高燃气热效率、有效降低碳排放，同时还能减少天然气消耗。英国国家电网公司在其2019年度《未来能源展望》中提出将更多利用氢能为家庭供暖，并预计到2050年，英国将有1100万户家庭使用氢能取暖，占比达40%。英国、德国、法国、澳大利亚和我国均积极开展天然气掺氢技术研发。英国首个天然气掺氢比例达到20%的示范项目于2020年1月投入运行。荷兰和法国也在着手开展20%比例的天然气掺氢实验，德国克兰克斯比尔地区10%的天然气掺氢项目，意大利南部萨勒诺省的5%的天然气掺氢示范正在运行。

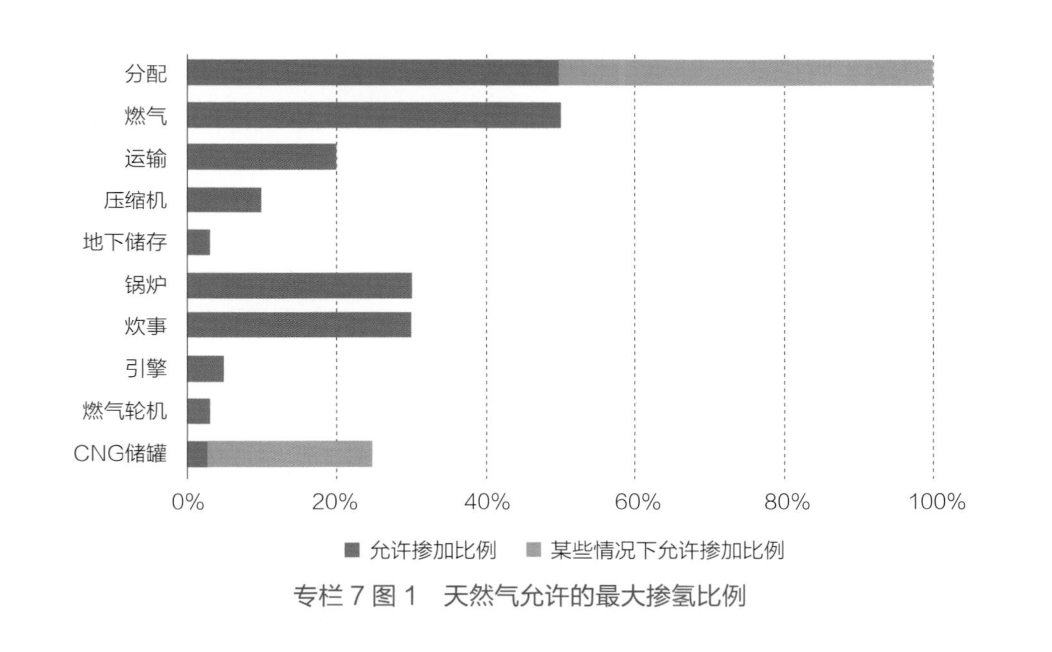

专栏7图1 天然气允许的最大掺氢比例

综上，预计到2030年，建筑领域终端能源消费量达8.8亿吨，采暖、炊事、生活热水领域电气化率分别提升至20%、40%、50%，总体电能消费占比提高至49%，能效提高8%左右。

4.3.2.2 推广低碳节能生活产品

（1）**推广节能智能家电。**大数据、云计算、物联网等技术快速发展，为节能智能家电不断推陈出新提供条件。如智能液晶电视具有自动亮度控制功能，会根据外部环节自动调节背光的亮度，能节电 20%～40%。我国应继续鼓励节能智能家电的研发和推广应用，对节能家电消费提供补贴、以旧换新、低息消费贷款等优惠政策，进一步推广节能智能家电设备。

（2）**推动楼宇节能改造。**楼宇采用节能光源替代传统式老式耗能光源可以节能 25%～35%；加装楼宇保温系统，能够减少约 30%的热损耗；采用变频节能系统，调整中央空调水泵工作效率，可以省电约 33%。我国应加强各级财政支持，建立科学市场机制，按照“谁分担、谁受益”的原则，引导供热企业、产权单位、受益居民共同参与，多渠道筹集资金，加快推动存量建筑节能改造。

（3）**研发和推广节能材料。**采用热反射玻璃、低辐射玻璃、吸热玻璃等节能材料代替传统玻璃，极大减少热量损失。目前韩国节能玻璃使用率高达 98%，欧盟国家使用率也达到了 70%～80%，而我国仅为 10%，差距巨大。应加大研发力度，不断提高节能材料性能，研发具有新型特定功能的节能材料；建立以强制性比例使用节能玻璃、节能材料的相关政策，推广节能材料应用。

4.3.2.3 倡导低碳生活消费模式

（1）**低碳住房消费。**我国人均建筑面积达 40.8 平方米，已经超过了英国、德国等发达国家。抑制房地产盲目扩张，选择合理住房面积，将极大减少钢铁、建材等原料的需求，降低其生产运输带来的二氧化碳排放。未来，我国城市建设应以集约式居住为主，减少住宅空置，提倡住宅面积适宜，提高建筑使用寿命。我国乡村建设则应合理控制建筑面积并提高建筑质量。我国还应推广低碳建筑或进行低碳改造，提高建筑节能标准，建筑设计和运行优先以自然手段营造室内环境，以开窗通风、自然采光为第一选择。

（2）**低碳出行模式。**以公共交通为主导的低碳出行模式，并实行轨道交通优先的公交模式，可以极大减少私家车出行带来的碳排放。我国应不断细化一线城市、完善二三线城市轨道交通线路，形成地铁与地面公交相互衔接的骨干公交走廊，同时积极发展共享交通，满足城市交通“最后一公里”需求和个性化需求。

4.3.3 达峰贡献

2030 年，我国建筑领域终端能源消费 8.6 亿吨标准煤，其中煤炭、石油、天然气、电力分别为 0.8 亿、0.9 亿、1.6 亿、4.2 亿吨标准煤，电气化率达到 49%。建筑领域碳排放 6.6 亿吨，较现有模式延续情景减排 1.8 亿吨。

表 4.10 建筑领域能源发展关键指标

建筑领域	单位	2017 年	2030 年
能源消费总量	亿吨标准煤	6.1	8.6
煤炭消费量		1.4	0.8
石油消费量		1.0	0.9
天然气消费量		0.7	1.6
电力消费量		2.3	4.2
电气化率	%	38	49
能源活动碳排放总量	亿吨碳	7.0	6.6

4.4 小结

（1）2019 年，我国终端化石能源燃烧产生的二氧化碳排放占能源活动碳排放的 53%左右，减排重点是转变高耗能、高排放、高污染、低效率的产业结构，以及以化石能源为主的用能结构，加快推进电能替代，提高能源利用效率。

（2）加快以终端用能消费变革促进碳减排，大力提升工业、交通、建筑领域电气化水平，形成以电为中心的终端用能格局，促进产业结构升级和能效提升。在工业领域大力推动电气化和节能降耗，加快发展电炉炼钢、氢能炼钢、电熔炉、电窑炉、电制原材料等技术，提高产业集聚度，淘汰落后产能；在交通领域加快发展新能源汽车，构建智慧交通；在建筑领域推广使用节能智能家电，加快建筑物节能改造，倡导低碳生活消费模式。

（3）以中国能源互联网为基础平台，大力实施电能替代，到 2030 年我国用电量达 10.7 万亿千瓦时，年均增长 3.6%，电能占终端能源比重达 33%，工业、交通、建筑领域电气化率分别达 34%、11%、49%，新增终端用能需求主要由清洁能源发电满足。我国终端能源消费碳排放量 2028 年左右达峰，峰值 50 亿吨，2030 年进一步下降至 48 亿吨，碳排放较现有模式延续情景低 10 亿吨，占总减排量的 56%。

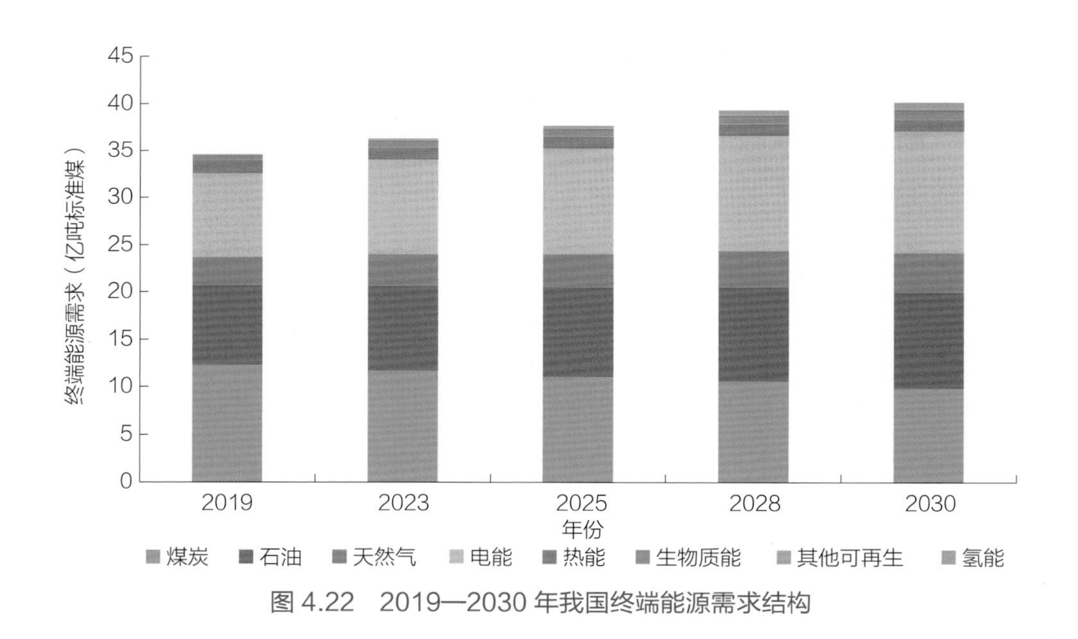

图 4.22　2019—2030 年我国终端能源需求结构

5 以大电网大市场支撑碳达峰

立足我国清洁能源资源禀赋和电力需求特征，实现碳达峰目标，关键要加快构建中国能源互联网，实施“两个替代”，能源生产环节将各类清洁能源转化为电能，替代化石能源，形成清洁主导的能源生产格局；能源使用环节利用智能电网为各类用户提供灵活可靠、经济便捷的清洁电力，形成电为中心的能源使用格局；能源配置环节打造特高压骨干网架和智能配电网，将各大清洁能源基地与负荷中心连接起来，实现各类集中式、分布式清洁能源大规模接入、大范围配置、高比例运行，形成全国互联的能源配置格局，以互联互通支撑能源生产、使用领域碳减排。

5.1 发挥大电网碳减排关键作用

互联互通大电网能够为清洁能源大规模开发、大范围配置及满足电能需求持续增长提供坚强保障。2019 年，我国 20 条特高压线路年输送电量 4485 亿千瓦时，其中可再生能源电量占 53%，相当于为东中部减排二氧化碳 2 亿吨。随着“两个替代”不断深化，预计到 2030 年，西部、北部发电量达 5.9 万亿千瓦时，占全国发电量比重增至 51%；东中部地区用电量占全国用电量比重高达 63%；跨区跨省电力流达 4.6 亿千瓦，其中跨区电力流 3.4 亿千瓦，跨国电力流 4250 万千瓦。建设大电网将促进西部、北部地区清洁能源集约化开发和高效利用，有效解决东中部用电紧张、碳排放集中、环境污染等问题，加大清洁替代力度，保障用电需求。

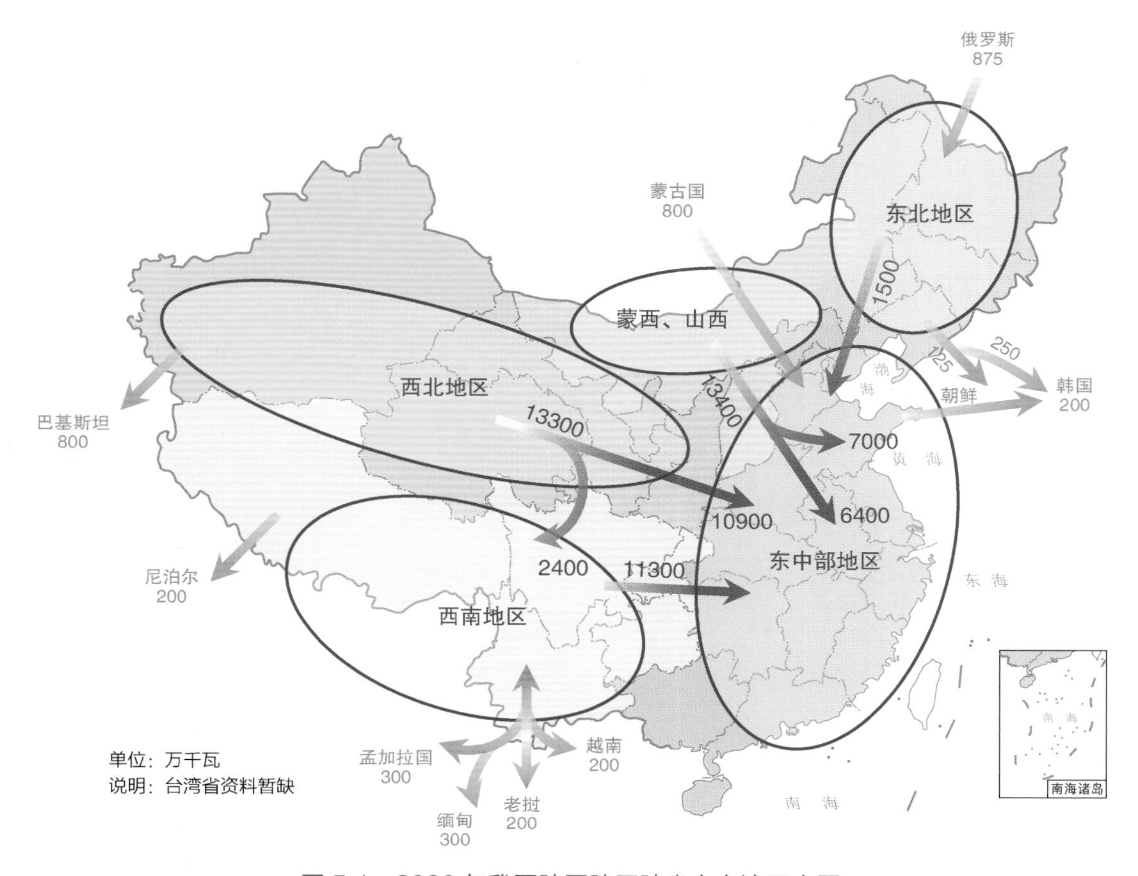

图 5.1 2030 年我国跨国跨区跨省电力流示意图

5.1.1 加快特高压骨干通道建设

“十四五”期间新建 7 条西北、西南能源基地电力外送特高压直流工程，输电容量 5600 万千瓦。其中，依托西北大型风光能源基地开发外送，建设陕北榆林—湖北武汉、甘肃—山东、新疆—重庆 3 个特高压直流输电工程，输送容量达到 2400 万千瓦；依托西南大型水电基地开发外送，新建四川雅中—江西南昌、白鹤滩—江苏、白鹤滩—浙江、金上—湖北 4 个特高压直流输电工程，输送容量达到 3200 万千瓦。到 2025 年，我国特高压直流工程达到 23 回，输送容量达到 1.8 亿千瓦。

“十五五”期间新建 7 个西北、西南能源基地电力外送特高压直流工程，输电容量 5600 万千瓦。其中，依托西北大型风光能源基地开发外送，建设青海海南—河南南阳北、新疆且末—湖北武汉、新疆哈密—四川绵阳、新疆昌吉—重庆、甘肃彬长—江苏徐州 5 个特高压直流输电工程，输送容量达到 4000 万千瓦；依托西南大型水电基地开发外送，新建澜沧江上游—广东潮州、怒江上游—广东云浮 2 个特高压直流输电工程，输送容量达到 1600 万千瓦。到 2030 年，我国特高压直流工程达到 30 回，输送容量达到 2.4 亿千瓦。

5.1.2 加快特高压交流同步电网建设

2025 年前，东部加快形成“华北—华中—华东”特高压同步电网。华东、华中电网直流落点密集，随着直流馈入规模的不断提高，安全稳定风险进一步加剧。电网一旦发生交流故障，易引发多回直流同时换相失败和直流闭锁，导致大量功率损失，带来严重频率稳定问题，存在大面积停电风险，亟须通过加强区域互联，提高电网安全性和抵御严重故障的能力。**到 2030 年，东部建成“九横五纵”特高压交流主网架。**华北优化完善特高压交流主网架，加强蒙西电源基地“南送”通道，华北基本全部形成双环网结构。华中特高压交流电网进一步向西向南延伸，围绕宜昌南、长沙、怀化、湘南、赣州、吉安等地区形成双环网结构。华东沿海特高压交流通道向南延伸至厦门。南方建成“两横三纵”特高压交流主网架，两广负荷中心地区形成双环网结构，通过湘南—桂林、赣州—韶关、厦门—潮州与“三华”特高压交流电网相连。

2025 年前，西部构建川渝特高压交流主网架。成渝城市群一体化发展提速，带动电力需求快速增长，比全国平均增速高 1～2 个百分点。为满足川渝地区快速增长的用电需求，实现川西水电大范围优化配置，并与西北清洁能源实现互补互济，亟须构建西部坚强电网。**到 2030 年，西部初步形成西北、西南（含云南、贵州）坚强网络平台，建成“三横两纵”特高压交流主网架。**西北形成连接甘肃南部、青海和新疆东部的特高压交流网架，与西北 750 千伏地区供电主网架相连；西南建设以川渝“日”字形特高压交流环网为中心，连接四川西南部、云南东北部、贵州西部的特高压交流主网架；西南、西北通过果洛—阿坝的纵向特高压交流通道联网，构成西部交流同步电网。

5.1.3　推动跨国电网互联互通

当前，我国与周边国家电网互联规模小，电力贸易规模仅249亿千瓦时；能源贸易仍然以化石能源为主，每年从印尼、俄罗斯、蒙古进口1.9亿吨煤炭。应推动跨国电网互联互通，充分利用周边国家能源资源，输送至我国负荷中心，满足国内用电需求的同时，降低能源电力生产领域碳排放，支撑我国实现碳达峰。重点要加快开发我国北部、西部、蒙古、中亚、俄罗斯远东清洁能源，向我国东部、韩国、日本送电，主要跨国互联通道包括。

（1）**中蒙联网通道。**包括3条蒙古至我国华北±800千伏特高压直流工程，送电规模2400万千瓦；1条蒙古至我国华东的±800千伏直流工程，送电规模800万千瓦；1条蒙古至我国东北的±800千伏特高压直流工程，送电规模800万千瓦，并经东北转送韩国、日本。利用蒙古能源资源，满足我国华北用能需求。

（2）**中哈联网通道。**包括2条±800 千伏特高压直流工程送至华中负荷中心，送电规模1600万千瓦，年输送电量达800亿千瓦时以上。推动项目建设，将哈萨克斯坦风、光电打捆输送至我国华中负荷地区，减少华中地区碳排放和环境污染，降低用电成本。

（3）**中韩联网通道。**包括6条我国至韩国±500～±800千伏直流工程，送电规模2900万千瓦，年输送电量达1400亿千瓦时以上，采用直流输电技术建设陆上、海上中—韩输电通道，促进东北清洁能源大规模开发，推动地区清洁低碳转型。2030年前，重点建设威海—仁川和辽宁—平壤—首尔三端柔性直流输电两个±500千伏直流工程。

（4）**中缅孟联网通道。**包括1条直流背靠背和1条±660千伏直流工程，送电规模600万千瓦，年输送电量达300亿千瓦时，实现中—缅、中—缅—孟互联互通，近期将我国西南水电送至缅甸、孟加拉国，远期待缅甸水电有效开发后，实现缅甸水电与我国清洁能源发电共同开发利用，互补互济，推动能源清洁低碳发展。

（5）中巴联网通道。通过 ±660～±800 千伏特高压直流工程送电巴基斯坦，送电规模 1200 万千瓦，年输送电量达 600 亿千瓦时以上，将有力推动新疆清洁能源开发。2030 年前，重点建设新疆伊犁—巴基斯坦 ±800 千伏特高压直流工程。

5.2 构建全国电—碳市场

我国正稳步推进电力市场与碳市场建设。电力市场机制不断完善，交易规模持续扩大，在优化资源配置中发挥重要作用，2019 年全国各电力交易中心组织完成市场交易电量 28344 亿千瓦时，占全社会用电量比重达 39.1%，8 个电力现货市场建设试点进入试运行阶段，形成了中长期交易为主、现货交易为补充的电力市场体系雏形。全国碳市场机制不断完善，首批纳入市场管控范围的涵盖电力行业约 1700 家火力发电企业，覆盖约 30 亿吨碳排放量。我国电力市场与碳市场参与主体重合度高，但两个市场各自独立建设运行，市场间缺乏有效协同。

电—碳市场将电能和碳排放权相结合形成电—碳产品，产品价格由电能价格与碳排放价格共同构成，并将原有电力市场和碳市场的管理机构、参与主体、交易产品、市场机制等要素进行深度融合。

在发电环节，根据我国减排战略目标确定发电企业各交易期碳排放额度，考虑总体排放需求、清洁发展目标等因素，动态形成碳排放成本价格。发电企业参与上网竞价时，火电企业的发电成本与碳排放成本共同形成上网价格，通过碳排放成本价格的动态调整不断提升清洁能源市场竞争力，促进清洁替代。

在用能环节，建立电力与工业、建筑、交通等领域用能行业的关联交易机制，用能企业在能源采购时承担碳排放成本，形成清洁电能对化石能源的价格优势；

同时，用能企业通过低碳技术研发创新、升级改造等活动不断降低生产过程碳排放，获得用能补贴，激励用能侧电能替代和电气化发展。

在输配环节，电网企业推动全国范围电网互联互通，促进优质、低价清洁能源大规模开发、大范围配置、高比例使用。

在金融投资及相关领域，金融机构开发多元化电—碳金融产品，提供电—碳金融期货、期权、远期合约等衍生品交易，为交易各方提供避险工具，并向市场提供资产管理与咨询服务，增强市场活力。

电—碳市场顺应气候与能源协同治理的发展趋势，发挥市场高效配置资源的优势，能够激发全社会主动减排动力，提升清洁能源竞争力，打破市场壁垒，促进绿色低碳产业发展，创新商业投融资模式，是以高效率、低成本、高效益实现气候与能源协同治理，是应对气候变化与实现能源可持续发展的系统性解决方案。

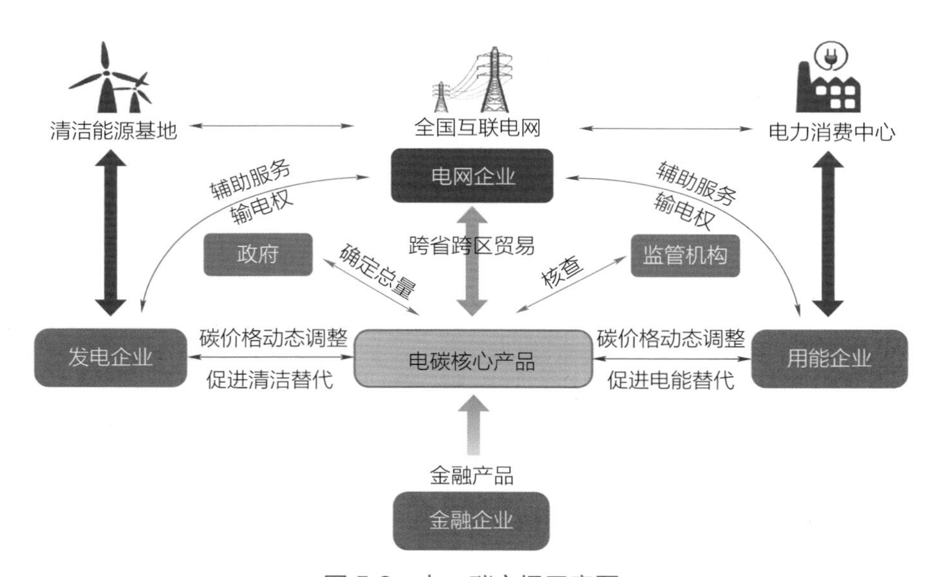

图 5.2　电—碳市场示意图

开展顶层设计。遵循“创新、协调、绿色、开放、共享”的新发展理念，以实现清洁低碳可持续发展为方向，组织能源、气候、经济、社会、法律、管理、金融等领域力量，统筹我国能源转型与碳减排总体目标，制定各类清洁能源与终端各领域电能使用发展规划，规划电—碳市场总体目标及发展思路，明确市场建设边界条件，设计市场总体架构、参与主体与交易内容，开发多元化交易产品，完善市场机制设计，制定发展路线图，综合评估市场建设效益，形成系统性市场建设方案。

制定市场规则。建立健全电—碳市场法律法规与政策体系，制定市场管理规则、交易规则、监管规则、配套保障制度等，明确市场参与主体相关法律职责和行为准则，协调相关财政、税收、投资等政策，保障碳减排、清洁消纳等政策协调兼容。根据市场建设目标及市场发展阶段，不断优化电—碳市场组织管理规则，明确市场主体范围、职能与行为边界，强化市场约束监督，为市场健康运行提供制度保障。

推动市场融合。构建电价与碳价有机融合的价格体系，制定统一的价格形成机制，对电能和碳排放权实施综合定价。组建市场交易、监管机构，组织电能及碳排放权的市场交易，开发电—碳交易及金融产品，提供结算依据和相关服务，披露公开市场信息，运营和管理交易平台，负责市场综合监督管理。扩大电—碳产品交易范围和规模，打破市场壁垒，推动市场高效运转。

5.3 小结

（1）立足国情与资源禀赋，实现碳达峰，必须加快构建中国能源互联网，建设特高压交直流工程，形成互联互通大电网，实现清洁能源大规模开发、大范围配置、高效使用。

（2）到 2030 年，我国特高压直流工程达到 30 回，总输送容量达到 2.4 亿千瓦；东部建成“九横五纵”、西部建成“三横两纵”特高压交流网架。

（3）构建全国电—碳市场，以高效率、低成本、高效益实现气候与能源协同治理。“十四五”期间应加快开展顶层设计、制定市场规则，推动市场融合，尽早发挥对碳达峰的支撑作用。

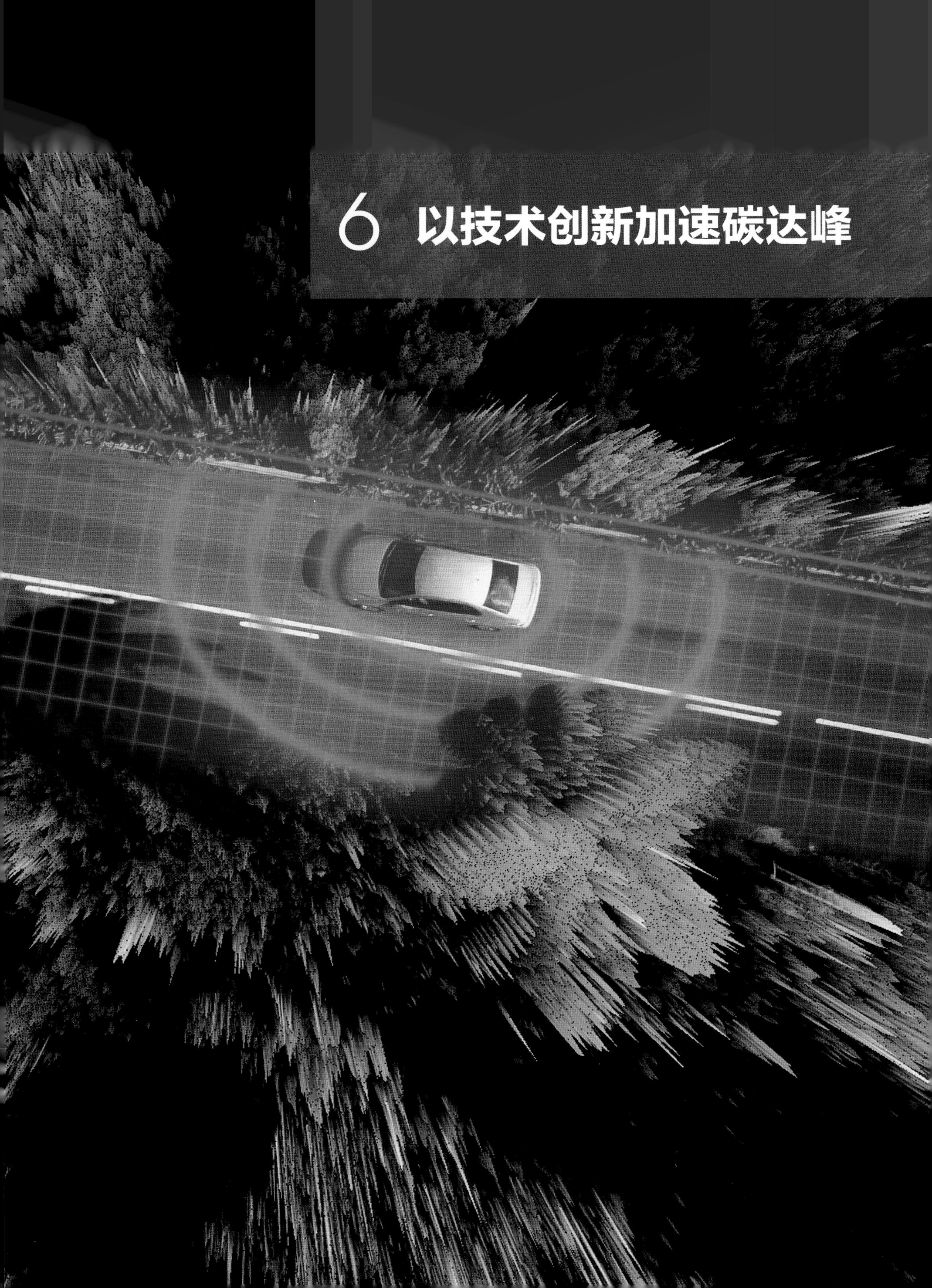

6 以技术创新加速碳达峰

我国清洁能源、特高压输电、智能电网等关键技术成熟，电动汽车、储能、电制燃料等技术不断实现新突破，为尽快碳达峰提供支撑。未来重点要在能源开发、转化、配置、使用等领域突破一批共性关键技术，转化推广一批先进适用技术和标准，积累储备一批核心技术知识产权，为推动碳达峰提供强大支撑。

6.1 清洁能源发电技术

6.1.1 光伏发电

截至目前，晶硅电池、薄膜电池的电池最高转换效率达到 26.7%、23.4%，组件效率分别达到 24.4%、19.2%。全球固定式光伏电站的度电成本下降至 0.375 元/千瓦时。我国光伏电站的平均度电成本约 0.41 元/千瓦时。

发展目标。2030 年前，晶硅电池转换效率达到 27.6%，组件转换效率达到 26.1%；薄膜电池转换效率将稳步增长，铜铟镓硒薄膜电池转换效率达到 24.5%，组件转换效率达到 21%。经济性方面，光伏电站的初投资降至 3150 元/千瓦（其中组件成本 1400 元/千瓦），平均度电成本降至 0.15 元/千瓦时左右。

研发重点。实现 N 型晶硅电池、叠层电池等新型太阳电池设计、制备技术的突破，提高光伏组件转换效率。优化大型并网光伏电站单元设计集成与工程化技术，提高发电系统对极端环境的适应性。

6.1.2 光热发电

目前，全球的光热发电度电成本下降至 1.33 元/千瓦时，我国光热电站平均度电成本约为 0.97 元/千瓦时。

发展目标。2030 年前，突破太阳能热化学反应器技术，突破高温吸热、传热和储热设备和材料，建成吉瓦级的太阳能光热电站，电站工作温度将达到 600℃以上。初投资降为 2.3 万元/千瓦，平均度电成本降至 0.55 元/千瓦时左右。

研发重点。聚焦塔式、碟式等高聚光比、高光热转换效率的技术路线，不断提升光热电站工作温度、储热能力和转化效率。光热电站建设向规模化、集群化方向发展，在太阳能资源较好地区实现光伏、光热协同开发。

6.1.3　风电

目前，全球陆上、海上风电的平均单机容量分别为 2.6 兆瓦和 5.5 兆瓦，平均风轮直径分别为 110 米和 148 米。全球陆上、海上风电平均度电成本为 0.36、0.81 元/千瓦时，我国陆上风电平均度电成本约 0.38 元/千瓦时，海上风电平均度电成本约 0.91 元/千瓦时。

发展目标。2030 年前，我国陆上、海上风机平均风轮直径分别达到 150 米和 200 米，风机平均单机容量达到 5 兆瓦和 10 兆瓦。陆上风电初始投资 5300 元/千瓦，平均度电成本降至 0.25 元/千瓦时。海上风电初始投资 11000 元/千瓦，平均度电成本降至 0.5 元/千瓦时左右。

研发重点。提高大型风机的研发与制造能力，提升风机单机容量和低风速适应能力；攻克漂浮式海上风电基础设计、制造难题，提高远海风电开发能力；加强风机抗寒保温技术，实现高纬度、极寒地区风电开发；提高风电并网友好性，实现对电网有功、无功、惯量的全方位支撑。

6.1.4　核电

我国三代核电进入快速发展阶段，四代核电技术正加紧研发和进行工程示范。投入运行和正在建设的三代核电机组达到 10 台，占世界三代核电机组的 1/3 以上。据中信集团统计，我国三代核电技术造价达 1.5 万～1.8 万元/千瓦。

发展目标。2030 年前，第三代核电实现优化，第四代核电投入商业运行，模块化小堆技术逐步成熟，核电发电成本降至 0.28 元/千瓦时。

研发重点。第三代核电以自主压水堆为依托，加快型谱化、系列化产品研发，在保障安全稳定基础上提高灵活性。第四代核电重点聚焦钠冷快堆，尽快实现商业示范，提高核燃料利用效率，降低成本。积极发展小型模块化压水堆、高温气冷堆、铅冷快堆等堆型，不断开拓核能应用范围。

6.1.5 生物质发电

生物质热压成型技术已趋向成熟，挤压成型后，能量密度与中热值煤相当。生物质制取天然气和液体燃料技术还处于发展初期，进展较快。生物质发电已形成多种商业化发展路线，生物质再热型机组参数不断提高，整体看，生物质发电技术成熟，成本下降空间不大。

研发重点。攻克生物质制取天然气、液体燃料和固体成型燃料的各项关键技术，实现生物质利用技术多元化、产品高值化。推广低污染排放的生物质直燃发电技术，成为处理农林废弃物的重要途径。

6.2 电能替代及新型用电技术

6.2.1 新能源汽车

锂离子电池已成为纯电动汽车动力电池的首选，主流动力电池单体能量密度达到 200～250 瓦时/千克，续航里程从 2010 年的 150 千米提升至目前的 500～

600 千米，燃料电池汽车的最大续航性能超过 900 千米。

发展目标。2030 年前，电动乘用车平均电耗降至 11 千瓦时/百千米以下，达到世界先进水平，平均续航里程达到 800 千米，动力电池充放电次数超过 4000 次，具备参与 V2G 条件的电动汽车比例达到 30%以上；氢燃料电池技术在重型货车和大型客车领域实现广泛应用。

研发重点。提高动力电池能量密度、寿命和安全性，普及具备双向充放电能力的充电设施，提高电动汽车参与 V2G 的占比；研究大量电动汽车参与 V2G 的聚合管理和优化控制策略，实现可移动能量储存单元与电网的双向互动。突破质子交换膜和催化剂等核心关键技术，提高燃料电池转化效率，显著降低氢能汽车成本。

6.2.2 热泵技术

热泵技术具有高能效比、低运行成本、零碳排放等优势。成熟的低温热泵主要应用于家庭住宅、公共服务采暖与热水供应，供热温度为 50～80℃，能效比通常可以达到 200%以上。应用于造纸、食品和化工等工业过程制热的中温/高温热泵还处于产品设计研究阶段。

发展目标。2030 年前，热泵的适用环境温度下限降至-30℃，低温环境下的热泵能效比提高至 2.5～3，在非集中供暖地区实现大规模推广应用，成为居民和商业供暖的主要技术手段。

研发重点。突破变频、多级、变容积比压缩机优化设计和制造技术，提升热泵低温环境下的能效和稳定性，提高热泵在高寒地区的适用性。

6.2.3 电制氢

目前，我国氢气产量约 2100 万吨，以化石能源制氢和工业副产制氢为主。

电解水制氢受电价水平高、转化效率较低等因素影响，占比仅约 1%，平均成本 22～25 元/千克。碱性电解槽技术发展成熟、设备结构简单，是当前主流的电解水制氢方法，缺点是效率较低（60%左右）。质子交换膜电解槽技术能够有效减小电解槽的体积和电阻，使电解效率提高到 70%～80%，功率调节也更加灵活，但设备成本相对昂贵。高温固体氧化物电解槽技术可以将电解效率提高到 90% 左右，目前还处于示范应用阶段。

发展目标。2030 年前，大规模电解水制氢效率达到 85%～90%，成本低于 13 元/千克，成为主流制氢方式。

研发重点。突破催化剂、质子交换膜、高温固体氧化物关键设备及材料的制备技术，提高电制氢的转化效率，降低制氢成本。优化电堆设计，提高电堆的快速调节能力，使电制氢成为电力系统中的灵活性可调节负荷。

6.2.4 电制燃料及原材料

电制燃料及原材料目前主要有两种技术路线，一种是先电解水制氢，再通过氢还原二氧化碳、氮等，该技术路线较为成熟；另一种是将二氧化碳溶于水或其他溶剂后直接电解，该技术尚需攻克反应选择性、动力学等难题，目前还处于实验室阶段。

发展目标。2030 年前，电制甲烷综合能效提高到 60%，成本将降至 5 元/立方米左右，开始在部分终端用户实现示范应用。电制氨综合能效提高到 54%，成本将降至 2.9 元/千克，电制氨实现广泛的商业化应用，与化肥产业紧密结合，成为电制原料产业的代表性产品。

研发重点。优化电解水制氢与甲烷化、甲醇化、哈珀反应等系统的集成和配合，研发适用于直接电还原制取燃料及原材料的关键工艺和催化剂，优化热量管理，提升整体能量转化效率。

6.3 先进输电技术

6.3.1 特高压交流

特高压交流输电技术已经成熟，是构建大容量、大范围坚强同步电网的关键技术。截至 2019 年年底，全球在运特高压交流输电工程 12 条，在建 3 条，投运和在建总长度超过 2 万千米，全部位于中国。经济性方面，1000 千伏特高压交流输电工程变电站造价约 14 亿元/座，线路造价约 450 万元/千米。

发展目标。2030 年前，特高压交流输电工程的主变压器、GIS、并联电抗器等核心装备分别下降 24%、35%、15%，结合主要设备投资占比，全站设备购置费下降 28%；线路投资基本维持现有水平，输电工程总投资降低约 10%。

研发重点。在系统优化设计，提高设备可靠性、灵活性及各种极端气候环境的适应性等方面取得突破。

6.3.2 特高压直流

特高压直流输电是实现远距离、大容量电力高效输送的核心技术。截至 2019 年年底，世界在运特高压直流输电工程 18 项，其中中国 14 项，印度 2 项、巴西 2 项。±800 千伏和±1100 千伏电压等级换流器单站投资分别为 45 亿元和 82 亿元左右，架空线工程单位长度投资分别为 440 万元/千米和 750 万元/千米。

发展目标。2030 年前，特高压直流输电距离、容量、拓扑及关键设备进一步提升和改进，电压等级突破 ± 1500 千伏，输送容量达到 2000 万千瓦，换流站成本下降 10%。

研发重点。研发适应极寒、极热和高海拔等各种极端条件下的特高压直流输电成套设备，满足全球各种应用场景下清洁电力超远距离、超大规模输送需求。突破特高压混合型直流、储能型直流等新型输电技术。

6.3.3 柔性直流输电

柔性直流输电技术是实现大规模清洁能源灵活稳定送出的关键技术，目前世界已投运的柔性直流输电工程约 40 项，在建工程约 20 项，其中最高技术水平为我国在建的 ± 800 千伏/800 万千瓦乌东德特高压混合多端柔直工程以及 ± 500 千伏/300 万千瓦张北四端柔直电网工程。

发展目标。2030 年前，柔性直流输电电压等级达到 ± 800～ ± 1100 千伏，输送容量达到 800 万～1200 万千瓦，换流站损耗从当前的 1.2%～1.5%下降至 0.8%左右，接近传统直流输电换流站的损耗水平。柔性直流输电工程经济性达到当前常规直流工程水平，换流站单位容量造价下降至 600 元/千瓦。

研发重点。开发基于 IGCT 的新型高性能器件，提升柔性直流的电压等级和容量水平；开发完善高可靠性快速控制保护技术，降低故障率并提高故障穿越能力。

6.4 大规模储能技术

6.4.1 锂离子电池

锂离子电池储能是目前发展最快的储能技术。全球锂离子电池储能规模约 845 万千瓦，其中我国约 138 万千瓦。装机容量最大的是我国江苏镇江储能电站，装机容量为 10.1 万千瓦/20.2 万千瓦时。当前锂离子电池转换效率约 90%，循环次数 4000～5000 次，使用寿命 8～10 年，储能系统建设成本 2.1～2.3 元/瓦时。

发展目标。2030年前，电池循环次数提升至7000～8000次，系统建设成本降至1～1.3元/瓦时，实现十万千瓦级储能系统的规模化应用，建立完善的动力电池退役、回收、再利用体系，实现电池大规模梯级利用。

研发重点。研发更高化学稳定性的正负极材料和水系电解液，突破全固态锂离子电池设计、制造关键技术，提高电池的安全性和循环寿命。研发成本更加低廉的非锂系电化学电池，拓宽电池材料的选择范围。

6.4.2　氢储能

氢是具有实体的物质，相对电更容易存储，作为长期储能技术具有良好发展前景，目前还处于工程示范阶段。氢储能涉及电制氢、储氢、氢发电三个环节，电—电整体转换效率30%～40%，系统成本1万～1.5万元/千瓦。

发展目标。2030年前，氢储能系统效率提高至40%～45%，储氢密度提高至15～20摩尔/升，大型氢储能系统成本降至7000～10000元/千瓦，持续放电时间达到100小时，成为电力系统中一种可选的季节性调节手段。

研发重点。突破高温固体氧化物电解槽的设计、制备关键技术，提升电制氢环节转化效率；研发有机物储氢、金属储氢等新型储氢技术，提高储氢密度，降低储氢成本；研究新型燃料电池技术和大型氢燃气轮机设计制造技术，提高用氢效率，实现氢储能对电网的调节和支撑作用。

6.5　碳捕集与封存利用（CCUS）技术

捕集方面，燃烧后碳捕集技术相对成熟，国内已建成数套十万吨级捕集装置；燃烧前捕集系统相对复杂，富氧燃烧技术发展较快，目前仍处于工程示范阶段。**运输方面**，车载和船舶运输技术已经较为成熟，成本分别约为1.10元/（吨·千米）和0.30元/（吨·千米）；陆地管道输送技术最具应用潜力，目前成本低于 1.0 元/（吨 · 千米）。**封存方面**，地质封存主要包括陆上咸水层封存、海底咸水层封存、枯竭油气田封存等方式，封存成本分别约为 60 元/吨二氧化碳、300 元/吨二氧化碳、50 元/吨二氧化碳。**利用方面**，二氧化碳利用主要包括强化石油、天然气、地热、地层深部咸水、铀矿等资源开采，合成各类含碳化学品以及生物利用等。

发展目标。2030 年前，现有 CCUS 技术进入商业应用阶段并具备产业化能力，第一代捕集技术的成本与能耗比目前降低 10%～15%，并建成具有单管 200 万吨/年输送能力的陆地长输管道。

研发重点。突破燃烧前、增压、化学链富氧燃烧等燃料源头捕集技术为代表的第二代低能耗捕集技术；建立并形成完善的二氧化碳管道输送相关标准和安全控制技术体系。形成大规模地质封存技术产业链，突破地质封存安全性保障技术，实现多个百万吨级陆上咸水层封存示范运行。与电制燃料、原材料技术相结合，开展电制甲烷、甲醇的示范应用，实现碳循环利用。

6.6 小结

加快清洁发电、新型用电、先进输电、储能、碳捕集与封存等领域创新，发挥技术创新对于碳减排的保障、引领和推动作用，显著提高碳减排的经济性、可行性，以较低成本、较小代价、更快速度实现碳达峰目标。

7 经济社会环境效益

以中国能源互联网为基础平台，大力实施“两个替代”，实现 2030 年前碳达峰将产生巨大的经济社会环境效益，能够减少碳排放总量和空气污染、破解资源安全困局、提高人民健康安全和福祉、从根本上转变发展方式，向国际社会传达强有力的积极信号，为全球气候治理提供借鉴和有效途径。

7.1 生态环境效益

减少温室气体排放。加速清洁能源开发利用，从源头上控制温室气体排放，实现碳达峰目标。减少干旱、洪涝、热带气旋（台风、飓风）、沙尘、寒潮与低温、高温与热浪等气候事件的发生概率，避免由于频繁的极端天气造成巨大的经济环境损失。碳排放越早达峰，越有利于 2060 年实现碳中和，尽早达峰将为碳中和腾出时间和空间，降低减排成本和后期减排压力。

源头治理环境污染。以清洁、经济、高效方式破解“心肺之患”，实现从“先污染、后治理”到“不污染、免治理、促发展”的转变。以清洁替代和电能替代从根本上减少化石能源生产、使用、转化导致的污染物排放，尤其是火电排污、工业废气、交通尾气、生活和取暖废气等，提高能源利用效率。到 2030 年，每年可分别减少二氧化硫、氮氧化物、细颗粒物等大气污染物排放 320 万、90 万、60 万吨。

促进资源循环利用。不断提高资源利用水平和单位要素产出率，推动形成资源循环利用体系，经济活动由“资源—产品—废弃物”的开环流程转变为“资源—产品—循环再生资源”的闭环流程，绝大多数产品使用后能够多次回收和再利用，满足可持续发展需求。节约各类自然资源消耗，尤其是能源、矿产等不可再生资源，保护自然资源、生态系统和生物多样性。

增加人民健康福祉。提前实现碳排放达峰，减少气候变化、环境污染对农业、民生、健康等造成的不利影响和损失，显著降低自然灾害风险，减少气候环境恶化造成的肺部、呼吸道、心血管等发病率，提升人民健康水平，为人民创造美好的自然生态环境、健康的生活居住环境，使人人享有清洁空气和蔚蓝天空。

促进生态文明建设。贯彻落实新发展理念，以习近平生态文明思想为指引，走生态优先、绿色发展之路，从源头上扭转生态环境恶化趋势，减少资源消耗和浪费，协同推进经济高质量发展与生态环境高水平保护，推动形成人与自然和谐发展的现代化建设新格局。

7.2 经济社会效益

推动经济高质量发展。加快实现经济增长与碳排放“脱钩”，优化能源等要素资源配置，引导新技术、新产业、新业态创新发展，形成新动能。**实现产业结构优化升级。**倒逼高耗能、高排放的传统重工业退出或转型，为新能源、新材料、高端装备、智能制造、大数据等先进信息技术产业、战略性新兴产业和现代服务业快速发展腾出空间。**推动区域经济协调发展。**促进西部、北部地区清洁能源大规模开发和配套产业发展，将资源优势转化为经济优势。到 2030 年，战略性新兴产业增加值占 GDP 比重将超过 20%；带动清洁能源与电网建设投资 19 万亿元以上，每年增加就业岗位超过 1800 万个；西部、北部清洁能源电力外送将带动人均可支配收入提高 1 个百分点以上。

保障能源安全供应。以清洁能源大规模开发、大范围配置，为经济社会发展提供充足、经济、稳定、可靠的能源供应，解决能源供应紧张、油气供给受制于人的问题。**降低用能成本，**在西部、北部等资源富集地区集约开发风光水电大基地，统筹时区差、资源差、价格差等因素，发挥特高压大电网大范围资源调剂能力，实现全国范围清洁能源优化配置。**减少煤电资产搁浅损失。**通过严控煤电总量、优化布局，降低大量煤电机组运行期内提前退役风险，减少资产搁浅损失。到 2030 年，能源自给率提升至 84%，同时电价降低 0.05 元/千瓦时，每年减少全社会用能成本 5000 亿元。煤电装机容量 2025 年达到峰值 11 亿千瓦，2030

年煤电占电力装机容量的比重下降至 28%。

满足人民生活需求。推动能源与信息数据技术深度融合，实现能源系统智能化，满足远程家电控制、电动汽车充电等新需求，促进智能家居、智能楼宇、智能小区、智能工厂、智慧城市和智慧国家建设，让人人享有智慧美好生活；实现源网荷友好互动和协调发展，激发新商业模式，形成多样化能源交易产品，满足个性化用能需求；拓宽能源供给渠道，促进偏远地区经济社会发展，缩小城乡差距。

助力人类命运共同体建设。我国应对气候变化目标和行动是全球气候治理和可持续发展的重要组成部分。实现碳达峰目标，我国将提前履行《巴黎协定》中的国家自主贡献，展示我国应对气候变化的行动力度，为全球共同应对气候变化和绿色低碳发挥示范作用和引领作用，为完善国际气候治理体系、深入推进气候对话与合作注入新动力。碳达峰带动我国绿色低碳经济发展，将为推动全球疫后经济可持续和韧性复苏提供重要政治动能和市场动能，带动更多国家把应对气候变化作为推动技术和产业革命、扩大就业和推动经济可持续发展的重要动力，共同应对全球气候危机，实现人类的可持续发展。

7.3 小结

实现碳达峰是应对气候变化、推动经济社会绿色转型的“牛鼻子”，将带来显著的生态环境与经济社会效益，倒逼生态环境质量改善，增进人民福祉，促进经济社会绿色发展和产业结构转型升级，助力人类命运共同体建设。

8 主要观点与建议

8.1 主要观点

（1）**2030 年前实现碳达峰意义重大、任务艰巨。**习近平总书记提出的碳达峰、碳中和目标为我国应对气候变化、推动绿色发展指明了方向、擘画了蓝图。这是党中央、国务院统筹国际国内两个大局作出的重大战略决策，是实现经济高质量发展、推动生态文明建设的必然要求，体现我国主动承担应对气候变化国际责任、推动构建人类命运共同体的责任担当。当前，我国经济持续增长，能源需求总量持续增加，产业结构转型、能源结构调整均面临很多挑战，碳达峰任务十分艰巨。

（2）**实现碳达峰目标的总体思路是以清洁低碳可持续发展为方向，以构建中国能源互联网为基础平台，加快实施“两个替代”，促进“双主导、双脱钩”。**即能源开发实施清洁替代，能源使用实施电能替代，促进形成能源生产清洁主导、能源使用电能主导格局，推动能源发展和经济发展与碳排放脱钩。

（3）**通过加快构建中国能源互联网，实施“两个替代”，采取更有力措施，使全社会碳排放能够在 2028 年左右达峰，峰值 109 亿吨左右，2030 年降至 102 亿吨。**其中，煤炭消费持续下降，石油、天然气消费增速放缓，并分别于 2030、2035 年达峰，能源活动碳排放 2028 年达峰，峰值 102 亿吨，2030 年降为 97 亿吨；工业过程碳排放 2028、2030 年分别为 13 亿、12 亿吨；土地利用变化和林业（LULUCF）碳汇保持在 6 亿吨。

（4）**清洁替代是推动能源生产领域碳减排的根本举措。**关键是严控煤电总量、转变功能定位，实现煤电尽早达峰并尽快下降，煤电发电量占比由 2019 年的 62%降至 2030 年的 42%。加快大型风光水发电基地规划开发，满足新增用电需求。到 2030 年，清洁能源占一次能源比重提升至 31%。电力生产碳排放率先于 2025 年达峰，峰值约 45 亿吨。

（5）**电能替代是推动终端用能领域碳排放达峰的根本举措。**关键是在交通、工业、建筑领域替代散烧煤、石油消费。大力推动新能源汽车发展，力争2030年保有量达到6000万辆以上；积极发展工业领域电锅炉、电窑炉，建筑领域热泵、电采暖等，提升用能效率。到2030年，电气化率提高7个百分点，单位GDP能耗下降20%以上。实现终端用能领域碳排放于2028年左右达峰，峰值为50亿吨，到2030年下降至48亿吨。

（6）**关键技术创新与市场建设是碳达峰的重要支撑和保障。**实现碳达峰目标要在清洁能源、先进输电、储能、电动汽车、电制氢等领域实现重大突破，加快技术创新与规模化应用。构建全国电—碳市场，能够以高效率、低成本的方式实现减排，应加快开展顶层设计、制定市场规则，推动电—碳市场融合。

8.2 建议

（1）**贯彻落实习近平总书记关于应对气候变化、能源发展等方面重要讲话和指示精神，加强国家战略顶层设计，将中国能源互联网作为实现碳达峰目标的基础平台，纳入国家战略和规划统一规划、重点推动、加快实施。**围绕碳达峰系统谋划“十四五”“十五五”低碳发展目标、战略和路径，推动气候与能源协同治理，形成协调配合的低碳发展政策体系。

（2）**严控煤电总量，努力实现“十四五”期间煤电装机容量达峰，峰值在11亿千瓦左右，“十五五”末降至10.5亿千瓦。**多措并举推动煤电尽早达峰并尽快下降。重新审核已核准未建设机组，严控新上项目；推进煤电灵活性改造，健全辅助服务补偿与交易机制；面向中长期，制定分区域、分步骤煤电退出方案，配套出台财政税收支持、社会保障等系列政策；推动煤炭生产和消费的重点地区，发展低碳产业和绿色生态，加快新旧动能转换。

（3）**实施清洁能源“倍增计划”，“十四五”“十五五”期间，清洁能源装机容量年均增长不低于1.2亿千瓦，2030年清洁能源占一次能源比重超过30%。**

制定清洁能源“十四五”和中长期发展规划，水风光并进、集中式与分布式并举发展清洁能源。统筹推进源网荷储协调发展，加快能源电力大通道、智能电网、储能基础设施建设，完善清洁能源消纳机制，促进清洁能源大范围配置、大规模消纳。

（4）**加快构建全国电—碳市场，进一步加大对清洁发展、电能替代的政策支持力度。**加快构建全国电—碳市场，设计市场总体架构、交易机制、多元化交易产品，推动电力与碳市场融合，尽早发挥市场对资源配置、碳减排的关键作用。构建有利于碳减排的法律法规和政策保障体系，加强财政、税收、金融等宏观调控，加大对清洁能源、储能、电制氢等新技术的支持力度，形成有利于“两个替代”的法律、政策、投融资环境，激发新模式、新业态。

（5）**统筹制定交通、工业、建筑各领域的达峰目标和路线图，推动重点领域率先碳达峰。**在“十四五”规划中，制定电力、钢铁、建材等高煤耗部门的减煤量以及碳排放达峰时间表和路线图，建立减排责任落实和目标考核制度，强化减排目标的约束力和有效性。加快推动电动汽车、电炉炼钢、电锅炉等电能替代关键技术应用与产业发展，推动电制氢、氢能储运、氢能炼钢、燃料电池汽车等新技术研发。

名词解释

碳达峰：本报告指二氧化碳排放达到峰值后不再增长，实现稳定或开始下降。

碳中和（又称净零排放）：本报告指二氧化碳达到人为碳排放和碳去除的平衡，即二氧化碳净零排放。

碳排放源：《联合国气候变化框架公约》（UNFCCC）定义为向大气中释放二氧化碳的过程、活动或机制，主要指人为的碳排放源，包括能源活动、工业过程、农业活动、土地利用和土地利用变化及林业（LULUCF）、废弃物处理过程中的温室气体排放。

能源生产：指各类能源开采、加工、转换、电力和热力生产。

能源使用：指生产和生活各领域对煤炭、石油、天然气等一次能源和气体燃料、电力、热能等二次能源的消耗和利用，主要包括工业、交通、居民生活、农业、商业等领域。

清洁能源：化石能源以外的所有能源，开发利用过程不排放二氧化碳，包括水能、风能、太阳能、核能、生物质能、地热能等。

碳汇：《联合国气候变化框架公约》定义为从大气中清除二氧化碳的过程、活动或机制。

碳强度（单位 GDP 二氧化碳排放）：指产生万元国内生产总值（GDP）排放的二氧化碳数量，单位是吨二氧化碳/万元。

能源强度（单位 GDP 能耗）：指单位 GDP 能源消费量，单位是吨标准煤/万元。

发电煤耗法：指一次能源统计中，可再生能源电力按当年平均火力发电煤耗换算成标准煤统计。

碳捕集、利用与封存（CCUS）：指将二氧化碳从排放源中分离后或直接加以利用或封存，以实现二氧化碳减排的工业过程。

现有模式延续情景：本报告中的“现有模式延续情景”指延续当前能源发展方式和趋势的情景。

图书在版编目（CIP）数据

中国2030年前碳达峰研究报告 / 全球能源互联网发展合作组织著. —北京：中国电力出版社，2021.6（2023.2重印）

ISBN 978-7-5198-5660-1

Ⅰ. ①中… Ⅱ. ①全… Ⅲ. ①二氧化碳–排气–研究报告–中国 Ⅳ. ①X511

中国版本图书馆CIP数据核字（2021）第115488号

审图号：GS（2021）2934号

出版发行：中国电力出版社
地　　址：北京市东城区北京站西街19号（邮政编码100005）
网　　址：http://www.cepp.sgcc.com.cn
责任编辑：孙世通（010-63412326）　马　丹　周天琦
责任校对：黄　蓓　郝军燕
装帧设计：张俊霞
责任印制：钱兴根

印　　刷：北京瑞禾彩色印刷有限公司
版　　次：2021年6月第一版
印　　次：2023年2月北京第三次印刷
开　　本：889毫米×1194毫米　16开本
印　　张：8.5
字　　数：139千字
定　　价：130.00元